Albert Landerer

Die Behandlung der Tuberkulose mit Zimtsäure

Albert Landerer

Die Behandlung der Tuberkulose mit Zimtsäure

ISBN/EAN: 9783743451964

Hergestellt in Europa, USA, Kanada, Australien, Japan

Cover: Foto ©berggeist007 / pixelio.de

Manufactured and distributed by brebook publishing software
(www.brebook.com)

Albert Landerer

Die Behandlung der Tuberkulose mit Zimtsäure

DIE BEHANDLUNG

DER

TUBERCULOSE MIT ZIMMTSÄURE

VON

PROF. DR. ALBERT LANDERER
IN LEIPZIG.

LEIPZIG,
VERLAG VON F. C. W. VOGEL.
1892.

DEM ANDENKEN

MEINES VATERS

D. THEOL. ALBERT LANDERER

WEILAND PROFESSOR DER DOGMATIK AN DER UNIVERSITÄT TÜBINGEN

UND

MEINER MUTTER

EMMA GEB. WERNER.

VORWORT.

Die folgenden Mittheilungen sind das Ergebniss einer Reihe von experimentellen Arbeiten und klinischen Beobachtungen, welche bis in den Herbst des Jahres 1882 zurückreichen. Sie wurden angeregt durch die Auffindung des Tuberkelbacillus von ROBERT KOCH, eine Entdeckung, welche uns nicht nur in ätiologischer und diagnostischer Beziehung, sondern auch für die Frage der Behandlung zu dauernder Dankbarkeit verpflichtet.

Aus diesen Untersuchungen ist Einzelnes bereits mitgetheilt. — „Eine neue Behandlungsweise tuberculöser Processe." Münch. Med. Wochenschrift 1888, Nr. 40—41. „Weitere Mittheilungen über die Behandlung der Tuberculose." Münch. Med. Wochenschrift 1889, Nr. 4. „Die Behandlung der Tuberculose mit Perubalsam." Deutsche Med. Wochenschrift 1890, Nr. 14—15.

Im Ganzen haben diese Mittheilungen nur sehr wenig Beachtung gefunden. Die örtliche Behandlung mit Perubalsam wurde abgelehnt; theils waren die verwendeten Präparate schlecht oder verfälscht, theils wurde von den localen Injectionen ein ungenügender Gebrauch gemacht,[1] schliesslich schien in den Injectionen von Jodoformglycerin ein Mittel gefunden zu sein, welches einen Theil der Chirurgen vorläufig vollauf befriedigte.

Ausserdem erregte die erstgebrauchte Emulsion des Perubalsams mit Gummi arabicum mitunter heftige Schmerzen, eine üble Zugabe, die bei der 2. mit Eidotter nur noch in sehr viel geringerem Maasse vorhanden war.

Ohne weiteres abgelehnt wurde die Methode der intravenösen Injection feinster körperlicher Elemente in den Kreislauf. Von den Einen als lächerlicher Unsinn verhöhnt, wurde sie von den Andern als eine für den Staatsanwalt reife Frivolität gebrandmarkt. Wirklich geprüft wurde sie wohl überhaupt nur von ganz wenigen; und unter der durchaus nöthigen genauen Beobachtung der gegebenen

---

[1] KITTEL, Beobachtungen aus der Erlanger Klinik 1889.

Vorschriften wohl nur von einem — Herrn Dr. Schottin in Dresden —
und dieser Eine hat auch — nach seiner Angabe — befriedigende
Erfolge damit erzielt.

Immerhin waren die Erfolge des Perubalsams nicht so überein-
stimmende — besonders bei Fällen innerer Tuberculose, dass man
das Mittel als ein Specificum gegen Tuberculose hätte bezeichnen
können. Ich habe dies auch nie behauptet.[1] Vielmehr habe ich
stets nur der durch den Perubalsam hervorgerufenen Entzündung
eine heilende Wirkung zugeschrieben. — Neben minder günstigen
Fällen konnte ich doch wieder andere in ziemlicher Anzahl beob-
achten, wo eine so überraschend günstige Wirkung des Perubalsams
zu constatiren war, wie sie mir bei den bisherigen Behandlungs-
methoden nicht zu Gesicht gekommen war. Ich gelangte so zu der
Ueberzeugung, dass im Perubalsam eine Substanz enthalten sein
müsse, welche die Tuberkelbacillen beeinflusse. Schon zu Anfang
dachte ich an die Zimmtsäure, lehnte aber jeden Gedanken, diese
starke Säure in den Kreislauf einzuführen, ab. Ich experimentirte
nun mit dem Perubalsam ähnlichen Substanzen, mit Benzoëpräparaten,
dann besonders mit Sumatrabenzoë. Es zeigte sich, dass die Substanzen um so wirksamer waren, je mehr Zimmtsäure sie enthielten.
So arbeitete ich seit September 1890 mit Zimmtsäure und erkannte
bald, dass die Wirkungen viel intensiver, die unangenehmen Nebenerscheinungen wesentlich geringer waren, als beim Perubalsam.

In diese Arbeiten fiel die Koch'sche Entdeckung des Tuberculins.
In dem Gedanken, dass wir nun ein sicheres Mittel haben, welches
dabei überaus bequem in den Körper einzuführen sei, brach ich
meine Untersuchungen als überflüssig ab. Erst Ende November begann ich dieselben wieder, nachdem ich mich durch den Augenschein
überzeugt, dass die wirkliche Heilung trotz der frappirenden unmittelbaren Wirkung doch noch eine fragliche sei, eine Annahme,
welche sich mittlerweile leider im Wesentlichen bestätigt hat.

Gewisse theoretische Bedenken hatte ich schon vom ersten Tage
an, als man ahnte, in welcher Weise das Tuberculin gewonnen sei.
Wenn wir uns bemühen, gegen Scharlach, Pocken, Masern u. s. w.
den menschlichen Organismus immun zu machen, so hat uns die
Natur gewissermassen selbst den Weg gezeigt. Wer einmal eine
solche Krankheit, wenn auch nur leicht, durchgemacht hat, ist bis
zu einem gewissen Grade gegen sie geschützt. Diese Krankheiten
— wie auch von chronischen Krankheiten die Syphilis — haben oder

---

[1] Deutsche Medicinische Wochenschrift 1890, No. 15.

geben eine natürliche Immunität. Bei andern Krankheiten kommt eine solche natürliche Immunität nicht vor. Zu diesen gehört in erster Linie die Tuberculose. Wer einmal tuberculös ist, der ist zu erneuten tuberculösen Herden, zu erneuter Infection erst recht disponirt. Dies weiss der Kliniker und der pathologische Anatom, die fast stets multiple tuberculöse Herde finden, während doch nach den KOCH'schen Annahmen eine zweite von der ersten zeitlich verschiedene Infection nicht möglich sein müsste. Ebenso ist es mir — und anscheinend auch Andern — oft gelungen, tuberculös inficirte Kaninchen nach beliebiger Zeit nochmals örtlich und allgemein zu inficiren.

Eine Immunität gegen Tuberculose zu schaffen, dürfte daher ganz andere Schwierigkeiten machen, als bei den genannten anderen Krankheiten. Ein solches Ziel müsste aber auch das Höchste sein, wonach ein Arzt streben kann.

Es sei hier auch noch auf gewisse Erfahrungen der Thiermedizin hingewiesen. Trotzdem man bei Immunisirungsversuchen gegen epidemische Thierkrankheiten mit ganz anderer Dreistigkeit vorgehen darf, als beim Menschen, haben fast alle Immunisirungsmethoden die Gunst der praktischen Thierärzte sich nicht dauernd erhalten können, weil sie unsicher sind und der Procentsatz der eingebüssten Thiere bei immunisirten und nicht immunisirten Thieren keineswegs stets zu Gunsten der ersteren ausfällt.

In die bedingungslose Verwerfung des Tuberculins, wie es jetzt Mode geworden ist, kann ich durchaus nicht einstimmen. S. pag. 70. Im Gegentheil wird dasselbe in der Therapie der Tuberculose stets eine wichtige Bedeutung behalten, namentlich wenn es. gelingen sollte, die wirksame Substanz zu isoliren. Ebensowenig will ich leugnen, dass wir auf dem jetzt so viel begangenen Wege der künstlichen Immunisirung noch gegen manche Krankheiten wichtige Erfolge erringen werden. Ob so rasch und leicht, wie viele heutzutage glauben und glauben machen, ist eine andere Frage.

Die Schwierigkeiten dieses Gebietes vermag nur der abzuschätzen, welcher es einmal unternommen hat, eine am Thier scheinbar völlig ausprobirte Methode auf den Menschen zu übertragen. Zwischen Mensch und Versuchsthier existiren denn doch die wesentlichsten Unterschiede, für die sich zunächst keine Formel finden lässt. Mir erschien es stets als ein in hohem Grade fragwürdiger Versuch, wenn man, wie so oft geschieht, die am Thier gefundenen Werthe eines Mittels pro Kilogramm Körpergewicht ohne viel Umstände glaubt auf den Menschen übertragen zu können. Etwas mehr Vorsicht in

dieser Richtung dürfte dringend nöthig sein, wenn nicht dem Ansehen des ärztlichen Standes dauernder Schaden gebracht werden soll.
Dem augenblicklichen Zuge der Zeit gegenüber, wo man nur
Bacterienderivaten, immunisirendem Serum etc. noch Vertrauen ent-
gegenbringt, bedarf ich einer gewissen Entschuldigung, wenn ich es
wage, ein einfaches chemisches Mittel gegen Tuberculose zu empfehlen.
Vielleicht vermögen einige Erwägungen meine Annahmen zu stützen.
Einmal gehört die Zimmtsäure, welche die Grundlage meiner Behandlung ist, zu den Stoffwechselproducten vieler Bacterien und ist
ja auch ein anerkannt bacterienfeindliches Mittel.

Dann läuft die Tuberculinwirkung, ebenso wie die des canthari-
dinsauren Kali auch auf nichts anderes hinaus, als die Erregung
einer Entzündung an der kranken Stelle und dies ist's, was ich
schon 1888 als das Wesen meiner Methode, als ·das zur Heilung
Nothwendige erklärt habe.

Dass ich diese, an sich nicht neue Beobachtuug zum Princip der
Behandlung der Tuberculose (und ev. anderer Krankheiten) erklärt
habe, davon finde ich in neueren Mittheilungen nirgends auch nur
die geringste Andentung; diese Thatsache ist vielmehr als ganz
neue Entdeckung für Koch, resp. Liebreich in Anspruch genommen
worden.

Es sei noch gestattet, auf einige Punkte im Voraus kurz ein-
zugehen.

Zunächst was die intravenöse Injection betrifft.

Die intravenöse Injection ist als überaus gefährlich bezeichnet
worden. Da die gewählten Stoffe an sich nicht giftig, dabei in den
Säften des Körpers schwer löslich sind, und nur in ganz geringen
Mengen einverleibt werden, so ist eine Vergiftung völlig ausgeschlossen. Ein Tod durch Embolie ist wegen der feinen, weichen
Beschaffenheit der Emulsion und der geringen Menge ebenfalls unmöglich. Dass ein geschulter Antiseptiker durch einen Stich in eine
Vene keine Pyämie erzeugen wird, dürfte jedem Chirurgen von
heute ohne weiteres einleuchten. (S. auch pag. 65.)

Diejenigen, welche so sehr gegen die intravenöse Injection eifern,
beweisen damit nur, dass sie sich ausser Stande fühlen, aus den
modernen Errungenschaften unserer Wissenschaft die nöthigen und
naheliegenden Folgerungen zu ziehen, welche nicht nur zur Erweiterung und Vertiefung unserer theoretischen Kenntnisse führen,
sondern auch unserem technischen Können zu Gute kommen müssen.
Die Ansprüche an die moralische und intellectuelle Qualität des
Arztes von heute sind an sich schon so hohe, dass es verkehrt wäre,

ihm nicht die Fähigkeit zuzutrauen, eine intravenöse Injection in zufriedenstellender Weise auszuführen. Bei objectiver Betrachtung wird man zugeben müssen, dass ein gewissenloser oder unwissender Arzt mit der Morphiumspritze viel mehr Unheil anrichten kann, als mit einer intravenösen Injection an sich unschädlicher Stoffe; ganz abgesehen von den Einspritzungen von Jodtinctur in Kröpfe, Eisenchloridlösung in Varicositäten etc., welche die Praxis meiner Ansicht nach mit Unrecht — völlig legalisirt hat.

Die im Folgenden mitgetheilten experimentellen Arbeiten sind nicht in jeder Hinsicht vollkommen abgeschlossen und ausgearbeitet. Die Ursache hiervon ist eine einfache. Es stehen mir nur die Mittel und die knapp bemessenen Musestunden eines praktischen Arztes zur Verfügung. So bleibt, gegenüber den „exacten" Resultaten reich eingerichteter und dotirter Institute mit einem grossen, wissenschaftlichen Stabe, allerdings viel zu wünschen übrig. Doch sind namentlich die klinischen Ergebnisse so überzeugend, dass sie wohl an sich schon genügende Beweiskraft besitzen dürften.

Vielleicht dienen diese Mittheilungen dazu, der intravenösen Injection, welche sich ohne Mühe auch auf andere Krankheiten wird ausdehnen lassen, wenigstens soviel Beachtung zu verschaffen, dass dieselbe gewissenhaft, genau nach den gegebenen Vorschriften geprüft wird und dass Beurtheilungen und Modificationen erst nach reiflicher Prüfung bekannt gegeben werden mögen.

Leipzig, 15. November 1891.

Prof. **Albert Landerer.**

INHALT.

Die folgenden Mittheilungen gruppiren sich von selbst in 4 Theile, deren erster die einleitenden Erwägungen enthält, welche zur Methode führten. — Dieser Theil kann fast unverändert aus meinen früheren Mittheilungen herübergenommen werden.

Der 2. Theil enthält die mit Perubalsam erzielten Resultate, in abgekürztem Auszug, wobei möglichst auf den späteren, in den früheren Mittheilungen nicht veröffentlichten Verlauf Rücksicht genommen ist. Man ersieht daraus, dass man mit Perubalsam wohl ebenso gute Erfolge erzielen kann wie mit Jodoform.

Der 3. Theil soll die mit Zimmtsäure sowohl bei äusseren, wie bei inneren Tuberculosen gewonnenen Erfolge, in ausführlicheren Krankengeschichten geben.

Der 4. endlich bringt eine kurze statistische Zusammenstellung der Ergebnisse und eine eingehende Schilderung der Methode. Er schliesst mit kurzen Schlussfolgerungen.

I.

Einleitende Bemerkungen.

Theorie der intravenösen Injection.

Die Mittheilungen, welche die Voraussetzungen meiner Behandlungsweise und die Grundgedanken der intravenösen Injection enthalten, sind so ziemlich wörtlich früheren Publicationen entnommen.

„Die grossen bacteriologischen Errungenschaften der jüngsten [1] 4 Jahre, allen voran die Entdeckungen ROBERT KOCH's haben — entgegen den sanguinischen Hoffnungen der grossen Masse — der ärztlichen Therapie bis jetzt nur wenig sichtbare Förderung gebracht. Der Näherstehende hatte einen so raschen Erfolg nicht erwartet; für

---

[1] Aus „Eine neue Behandlungsweise tuberculöser Processe." Münch. Med. Wochenschr. No. 40—41. 1888. Nach einem in der medicinischen Gesellschaft zu Leipzig am 28. Juni 1888 gehaltenen Vortrage.

ihn ist jedoch der Werth dieser Forschungen auch in therapeutischer Hinsicht ein enormer. Wir kennen jetzt wenigstens den Feind, den wir anzugreifen haben. Wir wissen, dass wir es nicht mit einer unfassbaren „Dyscrasie“, einer undefinirbaren „Constitutionsanomalie“, einem unbekannten „Virus“ zu thun haben, sondern mit lebendigen Wesen, deren Lebensbedingungen wir erforschen können und zum Theil schon ergründet haben, von denen wir namentlich das Eine wissen, dass auch sie dem allgemeinen Gesetze alles Lebenden unterworfen sind, dass auch sie dem Zugrundegehen, der Vernichtung verfallen.

In dem Kampf mit der Tuberculose, der furchtbarsten Feindin des Menschengeschlechtes, sind wir heute doch reicher an Erfolgen, als noch vor wenigen Decennien. Seit wir wissen, dass die fungösen Knochen- und Gelenkerkrankungen, welche wir ja vielfach mit Glück behandeln und heilen, echte Tuberculosen sind, ist der frühere Glaube an die Unheilbarkeit der Tuberculose geschwunden und damit wenigstens ein Ermuthigungserfolg gewonnen. Wir haben hierbei namentlich auch die histologischen Vorgänge kennen gelernt, welche zur Heilung der tuberculösen Herde führen.

Wenn man sich die Aufgabe stellt, einer chronischen Infectionskrankheit, wie der Tuberculose, therapeutisch beizukommen, kann man zwei Wege einschlagen. Man kann sich durch Analogien mit ähnlichen Krankheiten leiten lassen und ein innerlich zu verabreichendes Specificum — wie Quecksilber und Jod bei der Syphilis, Chinin bei Malaria u. s. f. zu finden suchen. Das Suchen nach einem solchen Specificum ist so alt, wie die Tuberculose selbst. Und dass es uns gelungen ist, bei anderen Krankheiten solche specifisch wirkende innerliche Mittel zu gewinnen, muss uns den Muth erhalten, ein solches immer und immer wieder zu suchen, trotz der unendlichen Anzahl der versuchten und wieder verworfenen Mittel, und uns ein solches als letztes Ziel unserer Bemühungen erscheinen lassen. — Dass aber die Menschheit — seit Jahrhunderten von dieser fürchterlichsten aller Krankheiten verheert — bisher ein solches nicht hat ermitteln können, wird unsere Hoffnungen, ein solches je zu finden, wieder auf's Aeusserste herabstimmen. Diese Ueberzeugung wird uns — einstweilen — nach jedem Verfahren greifen lassen, das wenigstens einigen Erfolg zu versprechen scheint.

Der andere — weniger empirische Weg, die Tuberculose zu behandeln — ist der einer genauen unmittelbaren Beobachtung der Heilungsweise tuberculöser Herde an Stellen, die unserer Betrachtung zugänglich sind und der Versuch, die hier beobachteten Processe

an anderen Stellen, wo eine Tendenz zur spontanen Heilung nicht
vorliegt, künstlich herbeizuführen und zu erzwingen.

Die Veränderungen, welche Infectionskrankheiten an den Orten
ihrer Localisation hervorrufen, sind im Wesentlichen Entzündungen,
jedoch verschieden nach Grad und Form. So lange dieselben —
die frühen Exantheme bei Syphilis, die Hautausschläge bei Scharlach,
Masern u. s. f. — das Stadium der entzündlichen Hyperämie und
serösen Exsudation nicht überschreiten, ist eine völlige restitutio ad
integrum möglich und für den Arzt — soweit es der Organismus
nicht allein besorgt — zu erreichen. Die schwereren Formen —
wie die Pusteln bei Pocken, die syphilitischen Spätformen — wo es
zur Eiterung und zur wirklichen Einschmelzung von Gewebstheilen,
zur Necrose kommt, sind einer völligen Wiederherstellung des früheren
Zustandes nicht mehr fähig. Kommt es überhaupt zur Ausheilung,
so ist der günstigste Abschluss des Processes die Narbe.

Von der Tuberculose kennen wir nur wenige Anfangsstadien,
wo es sich bloss um Hyperämie und seröse Exsudation handelt und
wo eine Rückkehr zur Norm noch möglich ist — z. B. den tuberculösen Gelenkhydrops. In den meisten Fällen handelt es sich zu
der Zeit, wo wir den Kranken in Behandlung bekommen, um die
vorgeschrittenen Processe, um die bekannten tuberculösen Necrobiosen,
Verkäsungen u. s. w. Hier kann von einer Wiederherstellung des
früheren Zustandes keine Rede mehr sein. Der günstigste Ausgang,
den wir jetzt noch herbeiführen können, ist der einer Narbe und
tuberculöse Processe in solide Narben überzuführen,
das ist die Aufgabe der Therapie.

Nun haben aber die tuberculösen Herde wie bekannt wenig
Neigung, in Narben überzugehen, in weitaus den meisten Fällen zeigen
sie progredienten Character, werden zu chronischen Abscessen, fistulösen Geschwüren, Cavernen u. s. w. und wir sind·schon zufrieden,
wenn wir sie gelegentlich verkalken oder verkreiden sehen. Der
Grund dieser Eigenthümlichkeit ist nach meiner Ansicht zu suchen
in der überaus geringen entzündlichen Reaction in und um tuberculöse
Herde; ist doch lange Zeit das Wesen des Tuberkels geradezu in
seiner Gefässlosigkeit gesucht worden und sind Injectionspräparate
zur Demonstration dieses Verhältnisses sehr geeignet. Wie gering
ist z. B. die Gefässinjection bei einem (characteristisch genug so genannten) Tumor albus genu (white swelling) gegenüber einer eitrigen
Kniegelenkentzündung. Für Denjenigen, der in der Entzündung einen
zur Beseitigung der schädlichen Einwirkung des Entzündungserregers
dienenden zweckmässigen Vorgang erblickt, kann es kaum einem

Zweifel unterliegen, dass die Schwierigkeit der Spontanheilung tuberculöser Processe eben in der Mangelhaftigkeit der Entzündungserscheinungen liegt. Es ist zu wenig Blut und damit auch zu wenig Material da zur Reparation, zur Narbe. Es stellt sich uns daher die Aufgabe, diese mit einer Narbe abschliessende Entzündung künstlich herbeizuführen. Diese Aufgabe ist nicht so schwer zu lösen und ist auch bei den bisherigen Behandlungsweisen der Tuberculose vielfach, bewusst oder unbewusst, befolgt worden. Wenn wir Lupusflächen oder tuberculöse Lymphdrüsen mit Aetzung oder der Ignipunctur behandeln, ist es in letzter Linie nicht viel Anderes und selbst die operative Behandlung setzt an die Stelle eines tuberculösen Herdes auch nur eine Narbe, namentlich wenn man die Wunden nicht p. p. i., sondern durch Granulationsbildung langsam heilen lässt, wie dies heutzutage die meisten Chirurgen thun. Noch deutlicher ist die heilende Wirkung einer Entzündung zu erkennen gelegentlich einer Erfahrung, die wohl die meisten Chirurgen gemacht haben — wenn ein Erysipel über eine Lupusfläche weggeht, so treten oft in wenigen Tagen Besserungen, selbst temporäre Heilungen ein, wie wir sie mit aller Mühe und Kunst nicht in Monaten erreichen.

Ich möchte hier an die Erysipelimpfungen bei Krebs und die bekannten Emmerich'schen Erysipel-Milzbrandversuche erinnern, sowie an die Versuche, Lungentuberculose durch Einathmung von Fäulnissbacillen zu bekämpfen. Der Gedanke, bacterielle Entzündungen zur Behandlung tuberculöser Herde zu verwerthen, hat mich schon lange und vielfach beschäftigt, doch sind meine Versuche bis jetzt nicht befriedigend ausgefallen. Dass man Staphylococcen in ziemlicher Menge ungestraft in die Circulation gesunder Thiere einbringen kann, ist bekannt; aber bei kranken Thieren verhält es sich, wie wir sehen werden, anders. Und solange wir die Bacterien nicht mit grösserer Sicherheit „zähmen" lernen, als es selbst dem Altmeister der Bacterienlehre Pasteur bis jetzt gelungen ist, halte ich es für unrecht, mit Mitteln zu arbeiten, die unter unseren Händen zu riesigen Gefahren auswachsen können und das Leben vernichten, welches sie erhalten sollen.

Ich zog einen anderen Weg vor, der mir sicherer und weniger gefährlich erschien, ich suchte eine aseptische Entzündung auf chemischem Weg zu erzielen. Ich wählte hierzu unter den schwer löslichen antiseptischen Pulvern aus. In Wasser leicht lösliche Stoffe — wie Sublimat, Carbolsäure u. s. f. schloss ich aus, weil diese doch fast momentan resorbirt werden. Von einer irgendwie

dauernden örtlichen Wirkung, welche absolut nothwendig ist, um
den tuberculösen Herd umzuändern, kann bei diesen keine Rede
sein; wohl aber ist bei irgendwie grösseren Mengen unangenehme
Allgemeinwirkung, die Gefahr einer Vergiftung, stets gegeben.
Dieser Vorwurf trifft auch die HÜTER'schen Carbolinjectionen bei
fungösen Processen. Ich theile das absprechende Urtheil über die
Carbolbehandlung des Fungus — z. B. in Form von Gelenkausspülungen,
u. dgl. — keineswegs. Gewisse allerdings meist nicht ausreichende
Wirkungen sind dem Verfahren nicht abzusprechen. — Von den
Arseneinspritzungen, die ich einst empfohlen und geübt, gilt das
Gleiche. In Betracht kommt wohl nur die Allgemeinwirkung des
Arsens und diese erreicht man bequemer bei interner Verabreichung.
Auch heute noch halte ich daran fest, dass in manchen Fällen von
Tuberculose — z. B. der Lymphdrüsen und der Haut — eine Wirkung
des Arsens nicht abzuleugnen ist. Als ein Specificum gegen Tuber-
culose habe ich es nie erklärt, wie mir vorgeworfen wurde. (S. Chir.
Centr.-Blatt 1883.)"

„Wenn man sich nun nach anderen Hilfsmitteln umsieht, so ist
klar, dass man in den verschiedensten Richtungen experimentiren
kann.[1] Ich sehe zunächst ab von der mechanischen und Balneo-
therapie, von denen wir wohl eine werthvolle Unterstützung, aber
kaum eine wirkliche Heilung zu erwarten haben. Es schien am
naheliegendsten, zunächst unter den antiseptisch wirkenden Stoffen
Umschau zu halten. Doch war sofort und ohne Mühe festzustellen,
dass unter den bekannten löslichen Antisepticis — Carbolsäure,
Sublimat, Salicylsäure u. s. w. sich schwerlich eins finden würde,
welches wesentlichen Erfolg verspräche. Sie sind ja alle schon —
ohne verlässliche Resultate — gegen Tuberculose in's Feld geführt
worden.

Ueberhaupt schien es mir nicht zweckmässig, mich wirklich
ätzend d. h. necrotisirend wirkender Mittel zu bedienen. An Stelle
einer unberechenbaren und meist schmerzhaften Verätzung und künstlichen Gangränescirung von Geweben wird jeder Chirurg viel lieber
mit Messer oder scharfem Löffel einem tuberculösen Herd zu Leibe
gehen und seines Erfolges sicherer sein. Dieser Vorwurf trifft meines
Erachtens vor allem die KOLISCHER'sche Kalkbehandlung, welche
äusserst stürmische Erscheinungen hervorruft, ohne sich in ihren
Wirkungen genau berechnen zu lassen.

---

[1] Vortrag, gehalten in der Section für Chirurgie der 62. Versammlung Deutscher
Naturforscher und Aerzte; veröffentlicht in der „Deutschen Med. Wochenschrift"
1590. No. 14 u. 15.

Diese Erwägungen führten mich auf den Gedanken, in tubereu-
lösen Herden durch parenchymatöse Injectionen Depots schwer
löslicher antiseptisch wirkender Stoffe anzulegen. Ich
konnte hoffen, auf diesem Wege eine, wenn auch schwache, so doch
dauernde Wirkung zu erhalten und — wegen der Schwerlöslichkeit
— schädliche Einwirkung des Mittels auf den Organismus im Ganzen
zu vermeiden. In dieser Weise konnte — ohne stürmische örtliche
Erscheinung, ohne wesentliche Störung des Allgemeinbefindens —
das gesteckte Ziel erreicht werden. Und als dieses erscheint mir
— wo es noch möglich — die Resorption der tuberculösen Producte
oder die Umwandlung des tuberculösen Herdes in eine solide gesunde Narbe, oder schliesslich die Ausschaltung desselben aus der
Circulation durch Verkalkung oder ähnliche regressive Metamor-
phosen. — Dass eine derartige Umwandlung tuberculöser Localisationen eine gewisse Zeit — meist Monate — in Anspruch nehmen
muss, dürfte jedem ohne weiteres klar sein, der. die Langsamkeit
kennt, mit welcher sich tuberculöse Processe meistens abspielen.

Wie ich Umschau hielt unter den schwer löslichen antiseptischen
Mitteln, musste ich zunächst zum Jodoform greifen. Es mag vielleicht sein, dass die Furcht vor der so unheimlichen Jodoformver-
giftung mich zurückgehalten hat, energisch genug mit diesem Mittel
vorzugehen; die Resultate waren im Ganzen nicht günstig. Doch
will ich damit nicht etwa in Frage stellen, dass die Einspritzung
von Jodoformemulsion in tuberculöse chronische Abscesse, wie sie
in letzter Zeit namentlich von Prof. BRUNS empfohlen wurde —
zweifellose Erfolge aufzuweisen hat. Bei der Behandlung offener
tuberculöser Processe hat mich das Jodoform wenig befriedigt. Es
verhindert weder das Eintreten tuberculöser Recidive, noch wird
die hässliche Beschaffenheit tuberculöser Granulationen, die Schlaff-
heit, der croupöse Belag dadurch hintangehalten.

Andere Mittel — Bismuthum subnitricum, Zinkoxyd, Salicylsäure
u. s. f. befriedigten noch weniger.“

„Zufällig lernte ich damals den Perubalsam als ein vortreff-
liches Antituberculosum schätzen.[1]) Der Perubalsam ist ein altes, mit
Recht geschätztes Mittel gegen Tuberculose. Innerlich und als
Inhalation ist es mitunter nicht ohne Einfluss auf tuberculöse Processe
der Luftwege, dann ist seine Wirkung namentlich bei Larynxtuber-
culose gerühmt worden.

Aufmerksam war ich auf ihn geworden durch eine Veröffent-

---

[1]) Aus „Münch. Med. Wochenschr.“ 1888, No. 40 u. 41.

lichung des berühmten amerikanischen Chirurgen und Orthopäden Sayre. Derselbe theilt in seiner Behandlung der Spondylitis mit, dass er die Abscesse bei Spondylitis breit spalte, mit Oacum, das mit Perubalsam getränkt ist, ausstopfe und dass dieselben dann rasch heilen. Wer schon solche Abscesse in der gewöhnlichen Weise behandelt und sie fast ausnahmslos in nie ausheilende fistulöse Gänge sich umwandeln sah, musste sich durch die günstigen Resultate Sayre's in der That in hohem Grade frappirt fühlen. Den Gedanken mangelnder Zuverlässigkeit Sayre's möchte ich zurückweisen, ich halte ihn im Gegentheil für einen der hervorragendsten, des Vertrauens durchaus würdigen Praktiker. Dies veranlasste mich, den Perubalsam bei äusserlichen tuberculösen Processen anzuwenden und ich bin ihm seither treu geblieben. Zunächst prüfte ich die Wirkung an tuberculösen Geschwüren, namentlich Drüsengeschwüren des Halses, zuerst rein, wobei ich, wenn es ging, die Granulationen — unter Cocaïnisirung — wegkratzte, meist denselben auf die unberührte Geschwürsfläche auflegte, da seitens der Patienten gewöhnlich jeder blutige Eingriff abgelehnt wurde. Handlicher als der reine Perubalsam erwies sich ein Pflaster, hergestellt aus 1 Theil Perubalsam auf 3—5 Theile Heftpflastermasse, eventuell noch mit ½—1 Theil Wachs. Dieses Pflaster ist, nebenbei gesagt, mir und manchem Collegen auch bei anderen nicht tuberculösen Processen z. B. Beingeschwüren — recht nützlich gewesen. — Meist reinigt sich unter dieser Behandlung das Geschwür rasch und schickt sich binnen 2—3 Wochen, selbst in alten, scrofulösen Halsgeschwüren zur glatten Benarbung an. Bald zeigte sich jedoch eine Eigenthümlichkeit des Perubalsams, welche auch später bei allen verschiedenen Arten seiner Anwendung immer und immer zu Tage trat. Der Perubalsam besitzt keine Spur von „Fernwirkung", wie lösliche Mittel (Jod, Quecksilber) u. s. f. Nur diejenigen tuberculösen Stellen, welche mit ihm in unmittelbare und dauernde, innige Berührung kommen, werden beeinflusst, entfernter liegende nicht. So wandelt sich z. B. bei tuberculösen Fistelgeschwüren am Halse wohl die aussen zu Tage liegende Fläche in eine gesunde vernarbende Granulation um; der innere Fistelgang dagegen blieb unverändert. Um auch ihn zu erreichen spritzte ich zunächst Perubalsam in Substanz ein, fand aber bald — da der dicke Perubalsam sich nur schwer durch die Spritze treiben lässt und nur schlecht in enge Fisteln eindringt, eine Lösung des Perubalsam in 3—5 Theilen Aether sulfuricus practischer und energischer wirkend. Der Schmerz ist dabei geringer und vor Allem viel weniger anhaltend, als bei einer Höllensteinätzung. Wo es ging, erschien das Einschieben

von in Perubalsam getränkten Wieken aus Mull oder Dochten noch
wirksamer. (Die Resultate dieser Behandlungsweise s. unter Krankengeschichten.) Auch bei Lupus ist Perubalsam nützlich.

Doch sind damit nur äussere Processe der Behandlung zugänglich
und diese sind, gerade bei Tuberculose, von durchaus untergeordneter
Bedeutung. Um auch innere tuberculöse Herde mit dem Mittel, das
nur in inniger dauernder Berührung zu wirken schien, zu erreichen,
musste ich anders vorgehen. Der Perubalsam ist im ganzen ein sehr
spröder Körper. Er ist in Wasser ganz, wenigstens nahezu ganz
unlöslich, in Alcohol nur wenig löslich; mit Aether ist er mischbar.
In schweren Oelen, wie Ricinusöl, löst er sich, nicht aber in leichten
wie Olivenöl. Mit Glycerin mischt er sich nicht. Wollte ich ihn in
einer den Körperflüssigkeiten adäquaten Flüssigkeit und in genügender
Verdünnung eingemischt haben, so blieb mir nichts übrig, als ihn
durch Gummischleim zu emulsioniren und ihn in 0,7 Proc. Kochsalzlösung zu suspendiren. — Die Formel, welche ich zunächst in Gebrauch zog, war eine 1 proc. Emulsion von folgender Zusammen-
setzung: Bals. peruv., Muc. gumm. arab. āā 1,0, Ol. amygdal. q. s.
u. f. emulsio subtilissima, Natr. chlor. 0,7. Aq. dest. 100,0. M. D. S.
— Wie ich die Emulsion später geändert habe und die Art, wie ich
sie jetzt bereite und benütze, werde ich unten mittheilen.

Der Weg, der sich mir bot, in innere Processe unlösliche Medi-
camente in feinster Vertheilung einzubringen, war ein doppelter.
Nahe liegt die percutane Injection in periphere Herde, z. B. tuberculöse Gelenke. Dies ist einfach zu machen und sind unter den
Krankengeschichten derartige Fälle aufgeführt.

Doch scheint mir selbst die glückliche Behandlung peripherer
tuberculöser Herde, wie z. B. eines Knochen- oder Gelenkfungus
immer nur als ein ungenügendes Resultat. Die Durchmusterung der
Sectionsprotocolle von etwa 150 an fungösen Leiden Gestorbenen
ergab nur in einem kleinen Theil das Knochenleiden als die wirkliche Todesursache; in der überwiegenden Anzahl waren es innere
tuberculöse Processe, welche den Anstoss zum ungünstigen Ausgang
gaben. Schon seit einer Reihe von Jahren bin ich zu dieser Ueberzeugung gelangt, dieselbe drängte sich mir namentlich auf in Fällen,
wo bei vorher ziemlich gutem Allgemeinbefinden im Anschluss an
eine grosse Operation, wie Hüft- oder Knieresection, selbst, wenn diese
glückte, eine Wendung zum Schlimmen sich anbahnte. Wenn diese
Anschauung noch vor wenigen Jahren als eine arge Ketzerei angesehen wurde, so hat sich doch unter dem Druck unwiderleglicher
Erfahrungen in letzter Zeit ein wesentlicher Umschwung vollzogen.

Und man darf es heute wenigstens offen sagen, dass man auf grosse „typische" Resectionen verzichtet und sich bei den sogenannten „atypischen" Resectionen d. h. im Ganzen unschuldigeren und weniger blendenden Operationen besser befindet.

Wollte ich also nicht auf halbem Wege bleiben, so musste ich auch den inneren tuberculösen Herden beikommen. Hier waren nun die Schwierigkeiten allerdings ganz andere und schwerer zu überwindende. Wie soll man Herde behandeln fern von der Oberfläche, z. B. in der Lunge. Und wie solche zur Heilung bringen, die man gar nicht genau diagnosticiren kann, deren Localisation man gar nicht genau kennt, z. B. in den Bronchialdrüsen. Doch auch hierzu giebt es, wie wir sehen werden, einen Weg.

Wir müssen zu diesem Zweck auf die Entstehungsweise tuberculöser Herde zurückgehen. — Sehen wir zunächst von der ja doch meist unbekannten Eingangspforte des Giftes ab, so entstehen die tuberculösen Herde auf embolischem oder wenn man sich anders ausdrücken will, auf metastatischem Wege. Der Blutstrom hat die Bacillen vom Orte ihrer Entwicklung weggeholt und hingeschwemmt an die Stelle, wo sich nun die neue Localisation, der neue tuberculöse Herd gebildet hat. Der Blutstrom hat die Bacillen gebracht, er möge nun auch die Heilmittel an die kranke Stelle tragen.

Diese Ueberlegung führte mich zu intravenösen Injectionen von Perubalsamemulsion.

Sehr nahe liegt die Entgegnung — das ist ein Schuss in's Blaue, die einzelnen Perubalsamkörnchen werden nicht gerade an die kranke Stelle sich hinfinden, sie werden an Dutzend anderen Stellen sich ablagern und vielleicht dort Entzündung erregen, wo es nicht nöthig oder geradezu unerwünscht erscheint. Dem ist aber nicht so. Wenn wir körperliche Elemente in feinster Vertheilung dem Blutstrom beimischen, so ist ihr Schicksal keineswegs dem Zufall unterworfen. Zahlreiche Untersuchungen in dieser Richtung haben uns über das Schicksal derselben aufgeklärt (COHNHEIM, PONFICK, SLAVJANSKY, RÜTIMEYER u. a. m.). Dieselben werden — in normalen Thieren — in Leber, Knochenmark u. s. f. abgelagert, meist von weissen Blutkörperchen getragen. Anders. verhält es sich in kranken Thieren. Der Erste, welcher uns hierüber höchst interessante Aufschlüsse gegeben hat, war SCHÜLLER. Er fand, dass diese corpusculären Elemente (z. B. Zinnober) an denjenigen Stellen in überwiegendem Maasse abgelagert werden, wo vorher eine Entzündung oder Verletzung stattgefunden hatte. — Diese Beobachtungen wurden von RIBBERT, ORTH, WYSSOKOWITSCH für Bacterien bestätigt.

Wenn wir also in einem tuberculös inficirten, d. h. mit tuberculösen Localprocessen durchsetzten Körper corpusculäre Stoffe in
die Blutbahn einbringen, so können wir mit Bestimmtheit darauf
rechnen, dass dieselben — in überwiegender Masse — gerade an
den inficirten, weil entzündeten Stellen in die Gewebe übertreten.
Insofern ist der Weg, Heilmittel in feinster Vertheilung durch den
Blutstrom an die erkrankten Stellen tragen zu lassen, ein durchaus
sicherer. Es ist jedoch selbstverständlich, dass nur solche Emulsionen
verwendet werden dürfen, in denen laut jedesmal erneuter mikro-
skopischer Untersuchung keine Körnchen enthalten sind, welche die
Grösse eines rothen Blutkörperchens wesentlich überschreiten. Wie
dies erreicht wird, darüber später mehr."

Der Gedanke, corpusculäre Elemente, wie eine Perubalsamemulsion in den Kreislauf einzuführen, muss zunächst befremdend
und bizarr erscheinen.[1] Eine ruhige Erwägung entkräftet jedoch eine
Reihe von Bedenken. Wenn man den in den Kreislauf einzu-
führenden corpusculären Elementen ein so feines Korn zu geben vermag, dass sie die Grösse eines rothen Blutkörperchens nicht überschreiten, so ist an sich klar, dass Verstopfungen von Capillaren in
grösserem Umfange nicht vorkommen können. Wenn man dann ein
dem Blutplasma adäquates Menstruum, wie die physiologische Kochsalzlösung (0,7 %), wählt und dieser durch Natronhydrat den passenden
Grad von Alkalescenz verleiht, so kann eine solche Flüssigkeit,
welche weder physikalisch noch chemisch schädigende Substanzen
enthält, ohne grosse Gefahr in den Kreislauf eingeführt werden.
Man wird eine solche Infusion mit viel ruhigerem Gewissen unter-
nehmen dürfen, als man eine Bluttransfusion macht, wo man nie weiss,
ob man nicht ganz unbekannte tödtliche Fermentmengen mit einführt.

Ich habe die intravenöse Injection mit der von mir zuerst ver-
wandten Gummiemulsion am Kaninchen über 1000 mal, ohne jede
unangenehme Nebenerscheinung gemacht. Am Menschen vielleicht
200 mal.

In drei Fällen habe ich eine mässige, binnen einigen Minuten
vorübergehende Oppression, der völliges Wohlbefinden folgte, erlebt;
einmal nach einer Infusion in Narkose, wo bedeutend grössere Mengen
einverleibt werden können, stellten sich Kreuzschmerzen ein —
Erscheinungen, die uns von der Transfusion her bekannt sind. Der
Grund dieser Erscheinung war mir lange unklar, da die verwandte

---

[1] Aus Deutsche Med. Wochenschrift: „Die Behandlung der Tuberculose
mit Perubalsam." 1890. No. 14—15.

Emulsion so feinkörnig gemacht worden war, dass die einzelnen Körnchen kaum den dritten Theil des Durchmessers eines rothen Blutkörperchens hatten, und man hätte annehmen sollen, dass dieselben ohne jede Schwierigkeit die Lungencapillaren passiren würden. Die unmittelbare Beobachtung des Lungenkreislaufes am Frosche klärten mich über die Ursache auf.

Ich machte die Untersuchungen mit Hülfe des HOLMGREN'schen Apparates am curarisirten Frosch. Wenn man, während der Kreislauf bei einem kräftigen Frosch noch gut im Gang ist, mit Hülfe einer PRAVAZ'schen Spritze durch eine in die Vena abdominalis eingebundene Canüle 1 ccm einer 1 % igen Perubalsamgummiemulsion einströmen lässt, so wird der Kreislauf im Anfang nur wenig gestört. Man sieht die glänzenden Körnchen der Emulsion, welche im Vergleich zu den Froschblutkörperchen ganz winzig erscheinen, meist längs der Capillarwände hinrollen. Bald jedoch setzt sich ein Körnchen hinter einer jener bekannten, ungefähr rautenförmigen Parenchyminseln der Froschlunge an die Capillarwand an. Jedes Balsamkörnchen, welches nun der Blutstrom angeschwemmt bringt, klebt an dem ersten fest, und so bilden sich allmählich glänzende Häufchen, welche im Stande sind, Capillaren zu verstopfen. Solange die Menge der kreisenden Körnchen eine geringe ist, gelingt es dem Blutstrom hin und wieder, durch gegengeschleuderte rothe Blutkörperchen das Coagulum zu zersprengen und die Passage frei zu machen. Bei grösseren Mengen dagegen wächst der Thrombus allmählich zu grossen, schliesslich auch mit schwacher Vergrösserung sichtbaren, grauen, glänzenden Klumpen an, welche die Capillaren umfänglicher Bezirke verschliessen und damit die Blutcirculation in der Lunge erheblich beeinträchtigen.

Dass es sich beim Menschen ähnlich verhalte, wie ich dies beim Frosche beobachtete, lässt sich daraus erschliessen, dass in den drei Fällen, wo ich bei der intravenösen Injection Oppression erlebte, dieselbe auch nicht im Momente der Injection, sondern 3—5 Minuten später eintrat. Dass sich die Coagulation aber rasch wieder löst, geht daraus hervor, dass nach 5—10 Minuten wieder völliges Wohlbefinden sich einstellte.

Es war somit kein Zweifel, dass die unangenehme Thrombenbildung der Emulsion bedingt war durch ihre Klebrigkeit. Die Gummihülle, welche jedes feinste Balsamkörnchen umschliesst, lässt dieselben mit der Capillarwand und untereinander verkleben und schafft so Circulationshindernisse, welche bei einer anderen, weniger klebrigen Emulsion nicht zu erwarten waren.

Versuche mit kohlensaurem Natron — alkoholische Perubalsam-
lösung wird in eine Lösung von kohlensaurem Natron eingeträufelt —
ergeben zwar eine Emulsion. Dieselbe ist aber nicht feinkörnig genug.
Ganz anders verhält es sich bei der Emulsion mit Eidotter.
Schon die mikroskopische Untersuchung der rohen Emulsion zeigt,
dass die einzelnen Körnchen viel loser zusammenliegen. Dieselben
machen, soweit sie nicht einzeln liegen, den Eindruck zerfallender
Körnchenkugeln, und die leichten Strömungen, wie sie durch das
Gesichtsfeld des Mikroskops gehen, vermögen einzelne Häufchen zu
zersprengen. In richtiger Weise gereinigt, erhält man ein überaus
feines gleichmässiges Korn der Injection, feiner als Milchkügelchen,
sodass — der Fläche nach — vielleicht 10—15 Körnchen auf ein
rothes Blutkörperchen gehen.

Wird diese Emulsion, selbst in Concentrationen 1 : 20, in die
Vena abdominalis des Frosches eingespritzt, so bekommt man ein
ganz anderes Bild, als bei der Gummiemulsion. Zunächst fällt es
auf, dass von der Emulsion überhaupt nur wenig zu sehen ist. Die
Circulation wird — wie natürlich, wenn dem Kreislauf des Frosches
1 ccm Flüssigkeit rasch zugeführt wird, beschleunigt. Aber man
sieht nur wenige der feinen stark lichtbrechenden Körnchen zwischen
den rothen Blutscheiben dahinschiessen. Bald aber fesselt eine andere
Erscheinung die Aufmerksamkeit. Vor der Einspritzung sind nur
wenige weisse Blutkörperchen zu sehen, und diese sind klein, kugelig,
homogen, glänzend. Nach der Einspritzung dagegen nimmt ihre Zahl
rasch zu: die zehn- bis zwanzigfache Menge weisser Blutkörperchen
wird jetzt in den Froschcapillaren sichtbar. Woher sie so plötzlich
kommen, lässt sich natürlich nicht sagen. Dieselben sind auch in
ihrem Aussehen total verändert, sie sind fast doppelt so gross wie
vorher, oft mehr oval in der Form und stark granulirt. Es hat den
Anschein, als ob sie die Emulsionskörnchen rasch in sich aufgenommen
hätten. Nach wenigen Minuten finden sich freie Körnchen garnicht
mehr. Die überaus reichlichen weissen Blutkörperchen lagern sich
gelegentlich hinter einer Parenchyminsel, vor einer augenblicklich
engeren Capillare zu Häufchen von 3—8 zusammen, doch bleiben
sie nur lose aneinander gereiht und werden leicht abgeschwemmt
und durch rothe Scheiben auseinandergesprengt. — Selbst bei zweimal
erneuter Einspritzung von je 1 ccm Emulsion bekommt man keine
den Kreislauf störenden Coagulationen, die Circulation bleibt ungestört
im Gang.

Es erscheint somit keinem Zweifel zu unterliegen, dass die
Körnchen sofort von weissen Blutkörperchen aufgenommen werden.

Diese Annahme steht durchaus im Einklang mit den Erfahrungen anderer Forscher, welche sich mit der Einführung corpusculärer Elemente in den Kreislauf beschäftigt haben. Sei es nun, dass Stoffe wie Zinnoberkörnchen, Milchkügelchen u. s. w. oder Bacterien eingespritzt wurden, stets verschwanden dieselben spätestens binnen weniger Stunden aus dem Kreislauf und fanden sich nachher vorwiegend in den weissen Blutkörperchen.

Diese Erfahrung wurde auch durch einen Versuch am Hunde bestätigt.

Einem ca. 5 kg schweren kleinen Hund wurden 5 ccm einer Perubalsamemulsion (1 : 20) in die Vena jugularis eingespritzt. Nach zwei Minuten wurde eine Blutprobe von 10 ccm und nach zehn Minuten eine gleiche aus der Carotis entnommen und sofort centrifugirt. Der Hund zeigte während der Injection auch nicht die geringste Unruhe und war, losgebunden, durchaus munter und sogar aggressiv. In der ersten Blutprobe fanden sich in dem überstehenden Serum nur einige Emulsionskörnchen pro Präparat; im zweiten gar keins. Im Blut liess sich, selbst bei starker Verdünnung, nichts von der Emulsion nachweisen. Der Hund zeigte während der vierwöchentlichen Beobachtung keinerlei Abnormität.

Ich füge noch hinzu, dass ich in den etwa 200 Malen von intravenöser Injection am Menschen, wo ich diese Emulsion verwandte, nie eine Spur von Oppression beobachtete.

Von diesem Gedankengang geleitet, wandte ich mich zur intravenösen Injection von Perubalsamemulsion gegen Tuberculose.

Ich schicke voraus, dass die hier mitgetheilten Versuche und klinischen Beobachtungen fast ausnahmslos noch mit der alten Gummiemulsion ausgeführt sind.

Ich begann damit, gesunde Kaninchen mit Perubalsamemulsion einzuspritzen. 2 Kaninchen wurden 1 Jahr lang wöchentlich 2 mal 1 ccm Gummiemulsion eingespritzt. Dieselben blieben nicht nur völlig munter, sondern wurden sogar ungewöhnlich fett und schwer. Besonders auffallend war eine überaus reiche, weiche und glänzende Behaarung. Bei der Section zeigte sich nichts Abnormes, keine Spur von Schwielenbildung in Lungen, Leber, Nieren, wie man vielleicht hätte erwarten können. — Die Ungefährlichkeit der Injectionen war damit erwiesen, selbst bei dauernder Anwendung. Und ich möchte an dieser Ansicht auch festhalten, trotz der Angaben VÁMOSSY's, welcher in nicht wenig Fällen bei der Tamponade mit Perubalsam Albuminurie beobachtet hat. Ich habe von Anfang an auf die Nieren geachtet — weil ja bei Balsamicis Nephritis ein gewöhnliches Vor-

kommniss ist. Die Trübungen, welche sich in einzelnen Fällen beim
Kochen mit Salpetersäure ergaben, erwiesen sich als durch Harz-
säuren bedingt. Vielleicht hat VAMOSSY mit einem weniger reinen
Balsam gearbeitet. Der Perubalsam wird häufig verfälscht, wie
BINZ mittheilt und wie mir auch eine grosse Droguenhandlung
bestätigte.

Von meinen weiteren Versuchen an Kaninchen erwähne ich zuerst noch die — locale Injection von Perubalsamemulsion
unter die Haut des Kaninchenohrs. — Es bildet sich eine
leichte Beule, um welche sich ein mässiger Entzündungshof nachweisen lässt. Diese Beule besteht mehrere Monate, bis ein halbes
Jahr lang. Sie entspricht also genau dem, was ich im Eingang
meiner Mittheilung als wünschenswerth bezeichnete; sie bildet ein
lange in loco lagerndes Depot antiseptischen Materials.

Von meinen Versuche intravenöser Injection von Perubalsamemulsion bei tuberculös inficirten Kaninchen will
ich die aus früheuen Jahren stammenden nur kurz erwähnen. Sie
waren mit ungenügendem Impfmaterial — zerriebenen käsigen Lymphdrüsen u. s. w. — ausgeführt und waren, da ein Theil der Versuchs-
thiere infolge ungünstiger äusserer Verhältnisse für die Section verloren ging, nicht beweisend. Sie ergaben allerdings eine erhöhte
Widerstandsfähigkeit der behandelten Thiere gegenüber den nicht
behandelten Thieren, so dass z. B. ein mit Perubalsam behandeltes
Thier 4mal geimpft wurde, während die nicht behandelten Controlthiere an Tuberculose eingingen.

Etwas näher möchte ich auf die Versuchsreihe eingehen, welche
die Thiere betrifft, deren Präparate ich Ihnen vorzeigen werde. [1]

Es wurden 5 Kaninchen intravenös geimpft, indem ihnen eine
ganze üppige Reincultur, welche mir das Berliner hygienische In-
stitut freundlichst überlassen hatte, in physiologischer Kochsalzlösung
aufgeschwemmt, infundirt wurde, natürlich eine ungewöhnlich schwere
Infection. Dem entsprechend erlag das nicht behandelte Control-
thier schon am 23. Tage nach der Infection — ein ungewöhnlich
früher Eintritt des Todes bei tuberculös inficirten Kaninchen und
nur denkbar bei einer förmlichen Ueberschwemmung des Körpers
mit Bacillen. Ich lasse Ihnen zunächst Stücke der Lungen dieses
Thieres (A) herumgehen — Querschnitte der Lungen, sowie Ansicht
der Oberfläche. Sie sehen ohne weiteres die massenhafte Tuberkel-
eruption, die an vielen Stellen zu grossen Massen zusammengeflossen

---

[1] Demonstrirt auf der Naturforscherversammlung zu Heidelberg 1889.

ist, so dass man geradezu von einer Hepatisation der Lunge sprechen kann. Besonders instructiv ist der Querschnitt, wo man nur noch schmale lufthaltige Streifen zwischen den grossen confluirten Tuberkelmassen erkennt.

Mikroskopisch lässt sich das typische Bild schwerer Tuberculose der Lunge ohne weiteres erkennen. Sie haben grosse Tuberkelmassen, erfüllt von grossen Rasen von Bacillen, deren Menge sich nicht mehr abschätzen lässt, aber in einzelnen Herden sicher in die Zehntausende geht. Daneben sind aber auch noch in den Geweben einzelne Bacillen und kleinere Bacillenhaufen zerstreut.

Die Verhältnisse lassen sich unschwer an den mikroskopischen Präparaten, welche ich Ihnen gleichfalls zur Verfügung stelle, bestätigen. Mit schwacher Vergrösserung und schon mit blossem Auge sehen sie die grossen blauen — aus Bacillen bestehenden — Haufen. Besonders instructiv sind in dieser Hinsicht die mit Methylviolett gefärbten und nachher mit Salpetersäure oder durch längeres Ausziehen in Alkohol entfärbten Präparate ohne weitere Färbung.

Die Behandlung der Thiere war erst am zwanzigsten Tage begonnen worden.

Die Präparate, welche ich Ihnen nun zeige, stammen von einem am 48. Tage nach der Impfung, also 28 Tage lang behandelten Thiere (B).

Am Spirituspräparate sind die Unterschiede nicht so deutlich, wie am frischen Objecte. Die einzelnen Tuberkelknoten treten hier nicht mehr so deutlich hervor, wie bei A. Die Lunge ist allerdings nur wenig lufthaltiger, als bei A. Doch ähnelt das Aussehen — besonders frisch — mehr einer acuten lobulären Pneumonie. Die Lunge ist stark infiltrirt, aber die Tuberkelherde sind im ganzen doch wenig massig, und um jeden Herd herum ist ein rother Entzündungshof, welcher ohne scharfe Grenzen in die Umgebung übergeht. Sie vermögen diese entzündlichen Höfe bei genauer Betrachtung auch noch am Spirituspräparat, nämentlich auf der pleuralen Oberfläche zu erkennen.

Das mikroskopische Bild entspricht ungefähr dem makroskopischen Ansehen.

Die Differenz gegen A ist nicht so sehr bedeutend. Doch sind die tuberculösen Herde nicht ganz so massenhaft wie in A, und die Zahl der Bacillen ist in manchen Theilen eine erheblich geringere, in anderen aber doch noch eine beträchtliche, in manchem Gesichtsfeld anscheinend hunderte bis tausende betragend.

Auffallend ist ferner die strotzende Füllung der Capillaren im

Umkreis der Tuberkelknötchen, die an einzelnen Stellen sogar zu
Blutungen in die Alveolen geführt hat; ebenso lässt sich eine reichlichere Durchsetzung mit Leukocyten erkennen.

Zeichen von Rückbildung sind nicht deutlich zu bemerken.
Doch werden Sie — bei schwacher Vergrösserung oder schon mit
blossem Auge — ohne weiteres an den mit Methylenblau gefärbten
und in Salpetersäure oder Alkohol entfärbten Präparaten erkennen,
dass so massenhafte blaugefärbte Bacillenhaufen, wie in A sich nicht
mehr finden.

Ganz wesentlich anders dagegen gestaltet sich das Aussehen
der von C, einem am 68. Tage nach der Infection, nach 48 tägiger
Behandlung gestorbenen Thier.

Schon sofort bei der Section zeigte sich ein auffallender Unterschied. Die Lunge war übermässig lufthaltig — in hohem Grade
emphysematös. Während die Lungen von A und B in Alkohol sofort untersanken, gelang es, diese nur durch Beschwerung in Alkohol
absol. zum Untersinken zu bringen. Dabei war die Oberfläche granulirt, wie eine hochgradig cirrhotische Leber.

Diese Verhältnisse lasen sich auch noch an den Ihnen herum-
gereichten makroskopischen Präparaten erkennen. Sie stellen das
hochgradige Emphysem ohne weiteres fest an den verschiedenen
Durchschnitten — Quer- und Längsschnitten, welche Sie in dem
Präparatenglas finden, aber auch an der Oberfläche der ganz gelassenen
Lunge. Daneben und dazwischen finden Sie Infiltrate, welche zweifellos
grossen tuberculösen Herden entsprechen. Jedoch schon beim Schneiden
merkte man, dass dieselben zum Theil verkalkt sind.

Nicht minder charakteristisch ist nun der histologische Befund.
Auch hier sehen Sie an den mikroskopischen Präparaten, welche
ich Ihnen hier herumreiche, schon mit blossem Auge den wesentlichen
Unterschied. Ueberall treten Ihnen die weiten emphysematischen Räume
entgegen, dazwischen Stellen, wo das Gewebe völlig infiltrirt ist. In
diesen Infiltraten finden Sie nun die interessantesten Veränderungen. —
Bei kleineren käsigen Herden sehen Sie in der Peripherie derselben
starke Leukocyteneinlagerungen, epithelioïde Zellen, Gefässerweite-
rungen, dann kommt eine Zone der Verkäsung, im Centrum dagegen
meist Verkalkung, welche in den grossen Herden noch ausgesprochener ist. Züge narbigen Bindegewebes finden sich in geringerer
Menge, als ich erwartet hatte.

Was aber am meisten auffällt, ist die überaus geringe Menge
von Bacillen. An mit Salpetersäure behandelten Präparaten ist
ihre Menge sehr gering. Wo man nur mit Alkohol auszieht, und

nur kurze Zeit, sieht man noch eher welche; aber auch diese färben sich weniger gut, sind unregelmässig in ihrer Form, zum Theil in Sporenbildung oder in Zerfall begriffen, und geben in Salpetersäure sofort ihren Farbstoff ab. Ich glaube dies als Zeichen regressiver Metamorphose auffassen zu dürfen.

Wenn ich diesen Befund zusammenfassen soll, so fände sich bei Thier C — Schwund der Bacillen, Schrumpfung und Verkalkung der käsigen Massen und vicariirendes Emphysem.

Ich füge noch hinzu, dass diese histologischen Angaben controlirt sind von Herrn Dr. H a u s e r, Docent der pathologischen Anatomie in Erlangen, welcher die ihm übersandten Lungenstücke zu untersuchen die Güte hatte. Ich möchte ihm auch an dieser Stelle meinen herzlichen Dank sagen für die Freundlichkeit, mit der er meine Untersuchungen verfolgt.

Wenn ich aus dem bisher Gesagten mit aller Vorsicht Schlüsse ziehe, so lässt sich die eine Thatsache nicht wohl bestreiten, dass es gelingt, mit Hülfe der von mir eingeschlagenen Behandlungsweise die in den Lungen des Kaninchens befindlichen Tuberkelbacillen zur Vernichtung zu bringen und künstlich Processe in den Lungen der inficirten Kaninchen zu erzeugen, welche zur Verheilung der tuberculösen Affectionen geeignet und den Vorgängen ähnlich sind, durch welche die Natur selbst die Ausheilung tuberculöser Processe herbeiführt. Es dürfte dies wohl das erste Mal sein, dass ein solcher Versuch wirklich einigermaassen gelungen ist und eine Ausheilung tuberculöser Processe in der Lunge des Kaninchens histologisch erwiesen ist.

Ueber das W i e der Ausheilung gestatte ich mir nur Vermuthungen.

Nach meiner Ansicht, die ich schon früher geäussert habe, ist es die durch den Perubalsam angeregte aseptische Entzündung, welche die Resorption etc. herbeiführt. Gerade so wie andersartige Entzündungen auch zur Ausheilung bacterieller Processe führen — z. B. das Erysipel den Lupus heilt, oder wie eine Jodinjection eine Hydrocele zur Resorption bringt. — Ob die Entzündung chemischer oder bacterieller Art ist, erscheint mir irrelevant.

Interessant erschien mir, dass man auf diese Weise auch Verkalkungen künstlich herbeiführen kann, was, soweit mir bekannt, bisher auch noch nicht gelungen ist.

Ich bin vielfach gefragt worden, ob ich den Perubalsam für

ein „Specificum" gegen Tuberculose halte. Abgesehen von dem un-
klaren Begriff eines Specificums möchte ich diese Ansicht verneinen.
Ich kann nur sagen, dass auf — zu Tage liegenden — mit Tuberkelbacillen inficirten Flächen diese da verschwinden, wo sie mit Perubalsam in dauerndem Contact gehalten werden.

Die antibacterielle Kraft des Perubalsams an sich ist keine
besonders grosse. Dies ist mir aus meinen klinischen Erfahrungen
längst klar geworden, und ich habe daher für meine Operationen
bei fungösen Processen meine übliche Sublimatantisepsis stets streng
beibehalten und nur zum Schluss den Perubalsam in die Wunden
eingebracht. Diese Thatsache ist neuerdings durch die Untersuchungen von Nowack und Bräutigam bestätigt worden, welche
namentlich die Emulsion als kaum antiseptisch nachwiesen, während
der reine Perubalsam eine ziemliche antiseptische Kraft hat. Wenn
aus Reagensglas- und Culturversuchen eine geringe antibacterielle
Kraft einzelner gebräuchlicher Antiseptica hervorzugehen scheint,
so lassen sich Reagensglasversuche — ohne ihren hohen Werth
schmälern zu wollen — nicht ohne weiteres auf den Organismus übertragen. Wir kommen im Körper mit viel schwächeren Antisepticis,
mit viel schwächeren Concentrationen aus, als im Reagensglas; weil
eben noch die eigene Thätigkeit des Organismus hinzukommt, mag
diese nun auf der Mitwirkung von Zellen oder Gewebssäften oder
beiden zusammen beruhen.

Es liegt nahe, hier an das Jodoform zu erinnern, wo auch der
Nachweis, dass Jodoform im Reagensglas nicht viel antiseptische
Kraft hat, das berechtigte Vertrauen der Praktiker zu diesem Mittel
nicht hat erschüttern können."

Absichtlich habe ich diese grösstentheils vor ca. 3 1/2 Jahren
mitgetheilten Untersuchungen und Anschauungen so ziemlich wörtlich hier wieder herangezogen, weil es in neuester Zeit als ein ab-
solutes Novum bezeichnet wurde, Entzündungen um tuberculöse Herde
hervorzurufen und auf diesem Wege Heilungsprocesse einzuleiten —
so z. B. von ARLOING auf dem II. französischen Tuberculosencongress.
Ich glaube, man kann dieses Princip nicht klarer und präciser aussprechen, als ich es hier vor mehreren Jahren gethan.

Den Injectionen direct in die Lungen möchte ich einen her-
vorragenden Werth nicht beimessen.

Dagegen sprechen experimentelle und klinische Beobachtungen.
Ich habe mehrfach Kaninchen Perubalsamemulsion bis zu 1 ccm in
die Lungen direct eingespritzt. Irgend welche unangenehme Erscheinungen traten darnach nicht auf. Machte ich ca. 1/2 Stunde nach der In-

jection die Autopsie, so fand sich meist nur ein kleiner gelber Fleck unter der Pleura und in der Lunge ein kleines Blutextravasat. Es scheint somit die injicirte Flüssigkeit direct in die Gefässe entleert zu werden. Dies ist bei einem Organ, wie die Lunge, das eigentlich nur aus Gefässen besteht, auch nicht zu verwundern. Die intrapulmonale Injection wirkt daher auch nicht anders, als eine intravenöse.

Bei tuberculösen Menschen mit Cavernen dürfte die Flüssigkeit wohl meist in diese Hohlräume gelangen, wo ihr Werth ein sehr geringer ist. Die Beobachtungen PFEIFER's [1]) legen diese Vermuthungen sehr nahe.

Ich habe — auf Wunsch von Collegen — mehrmals Injectionen in die Lungen gemacht, ohne unangenehme Erscheinungen, aber auch ohne sichtbaren Erfolg. PFEIFER (l. c.) hat solche Fälle veröffentlicht mit theilweise gutem Resultat; doch ist auch eine Lungenblutung dabei erfolgt. Solche sind wohl auch sonst bei dieser Gelegenheit vorgekommen. Ich möchte daher die Injectionen in die Lunge vorerst nicht empfehlen, 1) weil sie eine örtliche Wirkung doch nicht entfalten; 2) weil die Gefahr einer Lungenblutung nahe liegt.

II.
Klinische Ergebnisse der Behandlung mit Perubalsam.

Die Beobachtungen am Menschen, 124 an der Zahl, kann ich nur in kurzen Auszügen mittheilen.

Es kamen in Behandlung:

Fälle von Drüsentuberculose 31 No. 1—31.

Es handelte sich hier zumeist um scrophulöse Affectionen der Halsdrüsen, jedoch auch um eine Erkrankung der Schenkel- und eine der Inguinaldrüsen. Fast ausnahmslos waren es alte Fälle, von einem Bestand von mehreren bis zu 15 Jahren, an denen zum Theil schon grosse Operationen in Narkose von namhaften Chirurgen ohne wesentlichen Erfolg gemacht waren. Es waren bald mehr oberflächliche Geschwüre, bald aber auch tiefe Fisteln, die unter dem M. sternocleidomastoideus bis zur Gefässfurche führten und mit Senkungen bis unter die Brusthaut verknüpft waren. Nur in einzelnen Fällen gestatteten die — operationsmüden — Patienten den

---

[1]) Dr. R. Pfeifer, Zur Behandlung der Kehlkopf- und Lungentuberculose. Leipzig. Veit & Co. 1890.

Gebrauch des scharfen Löffels; nie wurde Narkose zugezogen. Meist musste ich mich begnügen, die oberflächlichen Geschwüre mit Perubalsampflaster zu bedecken, die Fisteln mit Perubalsamäther auszuspritzen, oder damit getränkte Wieken einzuschieben; in einzelnen Fällen konnten oberflächliche Gänge auf der Hohlsonde rasch gespalten werden. Sämmtliche Fälle sind poliklinisch behandelt. Die dementsprechend wenig energische Behandlung dauerte 4 bis 12 Wochen. Einspritzungen in die Drüsensubstanz wurden nur wenige gemacht. (Einige zu gleicher Zeit behandelte geschlossene scrophulöse Drüsenturmoren verkleinerten sich auf Arsengebrauch so gut, dass die Patienten jeglichen Eingriff ablehnten.) — Die Fälle sind mit einer Ausnahme sämmtlich geheilt und wie ich mich durch spätere Controle auch überzeugen konnte, dauernd geheilt. Der Gesundheitszustand ist sogar bei einigen gerade besonders schweren, mit Fisteln bis unter den M. sternocleidomastoideus und die Clavicula ein ganz vorzüglicher geworden, mit beträchtlicher Gewichtszunahme.

Nur ein Fall — 19jähriges Mädchen mit multipler, seit 5 Jahren bestehender Halsdrüsentuberculose — ging nach 3monatlicher poliklinischer Behandlung (Perubalsam äusserlich, Ausspritzen der Fisteln mit Perubalsam) sehr gebessert, aber nicht völlig geheilt ab. — Mit Auskratzung in Narkose, welche aber von Patientin abgelehnt wurde, wäre auch dieser Fall in Kurzem zur Heilung gelangt.

Drüsentuberculose scheint — nach Spitalberichten, persönlichen Mittheilungen etc. — derjenige Theil der peripheren Tuberculose zu sein, wo die vorzügliche Wirkung des Perubalsams am rückhaltslosesten erkannt ist und derselbe von den meisten Chirurgen dem sonst so sehr gepriesenen Jodoform, das hier entschieden weniger leistet, dauernd vorgezogen wird.

F u n g u s d e r W e i c h t h e i l e (No. 32—43) kam vor in 12 Fällen. 2 Abscesse zwischen den Bauchmuskeln, 1 seit 4 Jahren geheilt, 1 seit ½ Jahr. 1 Fungus zwischen den Vorderarmmuskeln. 1 grosser, von einer tuberculösen Mastdarmfistel ausgehender Abscess des Cavum ischiorectale — seit 4½ Jahren geheilt geblieben. Tuberculöse Mastdarmfisteln 3 Fälle.

41. C., F r a u, 58 J. alt. Seit fast einem Jahr Ulcerationen und Abscessbildungen in der rechten Regio parotidea. Fistulöse Durchbrüche und Weichtheilfungi, anscheinend von den glandulae parotideae ausgehend, anscheinend nach Mittelohrcatarrh. — 7. März 1890 Ausschabung, Tamponade mit Perubalsamgaze. 18. April geheilt.

42. M., F r a u, 28 J. alt. Fall dem vorigen durchaus analog, nur nicht so ausgedehnt. 14. März 1891 ausgekratzt, mit Perubalsamgaze verbunden. 26. März geheilt.

Hierher ist auch ein Fall von Sehnenscheidentuberculose zu rechnen:

43. S., Buchhändler, 56 J. alt. Früher Pleuritis; cylindrische schmerzlose Anschwellung der Beugesehne des 3. Fingers r. J. K. vergeblich; vom 12. April bis 15. Juni 6 Injectionen mit Perubalsam. Geheilt (das erste Mal starke Reaction). Geheilt geblieben.

Fälle von Lupus und Scrofuloderma kamen 9 (44—52) zur Behandlung mit Perubalsam. Meist wurde Perubalsampflaster äusserlich aufgelegt, dabei Injectionen mit Perubalsamemulsion gemacht. In einzelnen Fällen wurde auch ausgekratzt — ohne Narkose.

Tuberculose der Haut und Scrofuloderma 3 Fälle. 2 durch Injectionen und Perubalsampflaster geheilt. 1 Abkratzung, nachher Pflaster; geheilt.

Lupus. 6 Fälle.

47. 1. am Arm — thalergross. 4 Injectionen in die Knötchen. Perubalsampflaster. Geheilt 1888. — 1891 leichtes Recidiv.

48. 2. Gesicht. Injectionen und Pflaster; geheilt seit 1888.

49. 1. Arm. Ausgekratzt, injicirt, Pflaster. Rasche Heilung in 14 Tagen.

50. Lupus des Gesichtes, bei einem 6jährigen Knaben, 50 pfennigstückgross. 1890 durch 8 Wochen mit 8 Injectionen behandelt, kommt Herbst 1891 mit einem Knötchen wieder. — Zimmtsäurebehandlung.

51. Gesicht. Sehr ausgedehnt und sehr alt (15 J.), vielfach operirt, zum Theil nur Injectionen, zum Theil abgekratzt; geheilt 1889. — Kommt 1890 mit 3 kleinen Knötchen wieder; ausgekratzt und mit Zimmtsäure injicirt. Stellt sich Herbst 1891 geheilt wieder vor. Hat noch nie so lange Pausen zwischen Recidiven gehabt.

52. Frl. Ö., 23 J. alt. Mit 6 Jahren Lupus der Nase. 30. Januar 1889. Theils warzige Hypertrophie, theils narbige Schrumpfungen, der knorpligen Nase entsprechend; Defecte an den Nasenflügeln. In 6 Wochen 24 Injectionen mit Perubalsamemulsion und Perubalsampflaster. — Besserung, Einsinken der Knoten, Abblassen, aber — der kurzen Zeit entsprechend selbstverständlich keine Heilung.

Von Tuberculose der Knochen und Gelenke kamen 79 Fälle zur Behandlung. — Der Perubalsam kam theils in Form localer Injectionen mit Emulsion in Verwendung, wobei auch congestive Abscesse vor der Operation injicirt wurden, theils äusserlich, meist als Sublimatgazestreifen oder Tampons, getränkt mit Perubalsam; ausserdem wurden Drains ohne Oeffnungen an die tiefsten Stellen der Wunden eingebracht und von hier aus die Wunden beim Verbandwechsel mit Perubalsam gefüllt.

Coxitis. 12 Fälle. 53—64.

53. 1 typische Resection, Tamponade mit Perubalsamgaze; geheilt seit 3½ Jahren. Behandlungsdauer 3 Monate.

54. 1 atypische Resection. Vorher Injectionen von Emulsion in den Abscess. Heilung in 4 Wochen. Seit 2½ Jahren geheilt geblieben.

55—56. 2 Fälle, mit grossen Abscessen, welche mehrmals mit Perubalsamäther ausgewaschen wurden. Geheilt seit $6^1/_2$ und $5^1/_2$ Jahren. In dem letzteren Fall vor 1 Jahre wieder vorübergehend Aufbruch. Die Fistel mit Zimmtalcohohl ausgespritzt heilt in 8 Wochen zu.

57. 2 früher anderwärts resecirt; der eine Fall (10 jähriges Mädchen) vor 8 Jahren typisch resecirt; seitdem 3 eiternde Fisteln; 6 parossale Injectionen mit Perubalsamemulsion, 4 Ausspritzungen der Fisteln mit Perubalsamäther. Geheilt seit $2^1/_2$ Jahren.

58. Der andere (14 jähriger Knabe) vor 5 Jahren anderweitig resecirt, seitdem Fistel. — 2 parossale Injectionen, Ausspritzung mit Perubalsamäther. Geheilt seit 1 Monat.

Behandlungsdauer 6 und 3 Wochen.

Der letztere Fall verlief später weniger günstig. Patient kam aus dem Seebad zurück mit allgemeinem Oedem, starkem Ascites, Hxdrothorax, $^3/_4$ Vol. Eiweiss im Urin; colossaler Leber und Milzvergrösserung $=$ allgemeinem Amyloid. S. No. 171 pag. 73.

59—60. 2 Fälle mit ausgedehnten Abscessen, einer von der Spina ilei bis zum Knie; incidirt, ausgeschabt, Drainage und Wieken mit Perubalsam. Geheilt, der eine 1 Jahr p. Op. wieder fistulös, heilt durch Perubalsamausspritzungen in 6 Monaten. Der andere, mit pathologischer Luxatio iliaca ist zwar geheilt, aber mit Verkürzung von 10 cm; trägt heute noch Krücken, da die Eltern einen Stützapparat nicht anschaffen wollen.

60. N., Oscar, $3^1/_2$ jähriges Handarbeiterskind. Sehr elend, kann kaum sprechen. Diarrhöen, Appetitlosigkeit; Abscess vom Darmbeinkamm fast bis zum Knie.

Aufnahme 14. Juli 1890. 15. Juli Operation, Entleerung des massenhaften Eiters, Eindringen auf's Gelenk. Kopf fast völlig rareficirt, Reste können mit dem Löffel herausgehoben werden; Ausschabung der Pfanne, geringfügige Blutung. Tamponade mit Perubalsamgaze. — Anfänglich sehr angegriffen von der Operation, erholt sich das Kind in den nächsten Wochen einigermassen. 1. August wegen der Ferien in die sehr schlechte Pflege der Eltern entlassen. Tod an Erschöpfung September 1890.

Ohne Eiterung 5 Fälle.

61—64. 3 Anfangsfälle, geheilt mit fast normaler Beweglichkeit (nebenher Extension oder Gipsverbände). Behandlungsdauer 8—12 Wochen. Bestand der Heilung $2—3^1/_2$ Jahr.

65. 2 in vorgeschrittenen Stadien, mit starker Schwellung u. s. w. 1 geheilt mit Einwärtsrollung in 5 Monaten (von auswärts), Gipsverband, geheilt geblieben.

66. D., Richard, 13 jähriger Schüler. Vater seit langen Jahren brustleidend, ein Bruder an tuberculöser Meningitis gestorben. Seit 4 Jahren Coxitis dextra. 1889 Extension empfohlen, dann Gipsverband.

1890. — Gang hinkend, aber mit wenig Schmerzen. Vom 16. April bis 28. Juni 24 Injectionen mit Perubalsamemulsion in's Gelenk; entlassen mit TAYLOR-WOLFF'scher Maschine.

21. November Wiederaufnahme. Perforation der Haut in der Höhe des oberen Drittels des Sartorius, immer noch leidliche Gehfähigkeit, aber Temperaturen bis gegen 39 °.

24. November 1890 Operation. Zunächst Spaltung der Fistel nach oben; hierbei wird eine mit der Umgebung in keiner Weise zusammenhängende Fungusmasse von ca. 200 gr Gewicht aus der Furche zwischen Quadriceps und Sartorius herausgehoben. Am oberen Umfang des Gelenks wird eine enge Perforationsöffnung nach dem Gelenk festgestellt, ausgekratzt und dabei einige anscheinend der Pfanne angehörige Sequester herausgeholt. Drainage; Auswaschung mit Perubalsamäther. Temperatur auch nach der Operation unregelmässig. — Ende November werden 3 Tuberculineinspritzungen zu 0,01 gemacht. Dieselben haben eine wesentliche Steigerung der Temperatur und Verschlechterung des Allgemeinbefindens zur Folge, ohne starke örtliche Reaction, als die, dass ein grosses, schon seit Anfang 1890 vorhandenes Drüsenpacket in der Fossa iliaca erweicht. Dasselbe wird Anfang Januar eröffnet, hierbei auch noch vom Gelenk aus eine Drainage nach hinten durchgelegt und aus der Pfanne eine Anzahl Sequester entfernt; ein Drain nach der Innenseite gelegt, da die Temperatursteigerungen — irrthümlich — auf Secretverhaltung bezogen werden. Während nun die Weichtheilwunden allmählich sich verkleinern, bleibt die Temperatur früh Morgens 37,5—38 °, Abends 39—40 ° mit nicht ganz regelmässigem Typus. Durch 5 intravenöse Zimmtsäureinjectionen gelingt es, die Temperatur auf einige Zeit unter 39 ° zu halten; da jedoch mittlerweile die Stimmung für die Injectionstherapie der Tuberculose sehr abgekühlt war, müssen dieselben auf Verlangen der Eltern ausgesetzt werden. Von Ende Februar 1891 treten Zeichen tuberculöser Meningitis auf und Patient erliegt derselben am 11. April 1891.

Spondylitis. 7 Fälle. 67—73.
Vereitert 5 Fälle.

67. Erwachsener. Fistel unter dem Poupart'schen Band, sowie an der Hinterfläche des Oberschenkels. Ausspritzung und Einlegung von Perubalsamwieken. Geheilt seit 4 Jahren. (Kein Gibbus.) 1890 Abscess an der Aussenfläche des rechten Oberschenkels, wahrscheinlich, aber nicht nachweisbar abhängig von der Spondylitis. Ausgekratzt, mit Perubalsamgaze tamponirt. Im Verlauf von 6 Monaten geheilt.

68. 10jähriges Kind. Abscess in der Lumbargegend, ausgekratzt, tamponirt, geheilt. Ein Jahr später ein Psoasabscess; nicht wieder in Behandlung gekommen.

69. Ausgedehnte Verschwärung und mehrfache fistulöse Durchbrüche in Lubar- und Sacralgegenden, totale Paralyse der Beine, Blase und des Mastdarms. — Parossale Injectionen und Perubalsampflaster. In 4 Monaten Fisteln und Geschwüre geheilt. Kind geht gut, guter Allgemeinzustand. Ein Jahr später Heilung noch constatirt, seitdem keine weiteren Nachrichten.

70. Vor Jahren ein grosser iliacaler Abscess über dem Poupartschen Band incidirt. Gibbus in der Lendenwirbelsäule. Leichte Paresen. — Injectionen in den Gibbus, Ausspritzung der Fistel. — Besserung der Paresen und des Allgemeinbefindens. Fistel in eodem. Seit 1890 nicht mehr in Behandlung. Soll gestorben sein.

Sämmtliche Fälle poliklinisch behandelt, Stilleliegen in keinem Falle durchzuführen; bei einigen zeitweise Gipscorsets.

71. Spondylitis cervicalis mit Abscess. Injectionen in den Abscess. Nachher Incision und Auswaschung. Heilung des Abscesses in 4 Wochen, dieselbe hat seit 1889 bis jetzt Bestand behalten. Vorzügliches Allgemeinbefinden.

Ohne Eiterung 2 Fälle.

72—73. Beide mit leichten Paresen; behandelt mit parossalen Einspritzungen. — Die Paresen u. s. w. verschwunden. Beim Einen 1890 noch gutes Befinden, mit guter Gehfähigkeit festgestellt. — Vom Andern seit 1¹/₂ Jahren nichts mehr bekannt geworden.

Bei Spondylitis springt die Mangelhaftigkeit poliklinischer Behandlung besonders in die Augen; die Unmöglichkeit, den Gibbus genügend zu fixiren, die ungenügende Pflege, die meist zu kurze Behandlung und Beobachtung machen die Spondylitis in der Poliklinik zu einem wenig geeigneten Object der Therapie.

Gonitis. 8 Fälle. 74—81.

Vereitert 2 Fälle.

74. Colossale periarticuläre Abscesse, zur Amputation zugeschickt. — Blutige Diarrhöen. Arthrotomie, Tamponade mit Perubalsamgaze; zugleich parossale Injectionen.

Von auswärts zwei Mal 8 Tage klinisch behandelt. Geheilt, etwas Beweglichkeit, Flexionsstellung. Ungenügende Behandlung, weil Patient nur ca. alle ¹/₄ Jahre sich zeigt. — Patient ist nunmehr seit 4¹/₂ Jahren geheilt geblieben, guter Ernährungszustand. Stumpfwinklige Contractur mit etwas Beweglichkeit. Streckung von den Eltern abgelehnt.

75. Z., Dienerstochter, 7 J. alt. Typischer Kniefungus mit Hypertrophie des Condylus int. Beginn der Behandlung Februar 1890. — Locale und glutäale Injectionen von Perubalsamemulsion. Juni 1890 Auskratzung einiger oberflächlicher fungöser Stellen an der Innenseite des Condylus int. Geheilt September 1890. Von Januar 1891 an Streckung der fast spitzwinkligen Ankylose in mehreren Sitzungen. Gelenk beweglich. Gute Erholung. Geht mit Kniestreckmaschine.

Ohne Eiterung 6 Fälle.

76. 1 mit fast normaler Beweglichkeit geheilt (Anfangsfall). Heilung hat Bestand behalten, bis zum Jahr 1890, wo Patient am Scharlach gestorben ist.

77. 1 in Beugung (145⁰) ankylotisch geheilt. Heilung seit 1887 constatirt.

78. 1 mit geringer Beweglichkeit geheilt seit 1888.

79. 1 mit guter Beweglichkeit geheilt. Nur 5 Injectionen, Gipsverband und Priessnitz'sche Umschläge. 1891 Recidiv. S. unten.

80. 1 (anderwärts Amputation vorgeschlagen). Umfang um 6 cm abgenommen; Beweglichkeit ca. 1 R., fängt an zu gehen. Gesammtdauer der Behandlung ⁵/₄ Jahre. — 1889 durch Fall vom Sopha seitliche Luxation nach aussen (zur Hälfte). Da die Seitenbänder durch den fungösen Process anscheinend ganz zerstört sind, gelingt es — trotz

Reposition und Verband in Narcose nicht, die Knochen in richtiger Lage zu erhalten, es bleibt etwas Valgusstellung zurück infolge Eindrückung des Condylus ext. fem. — Mit einer bis zum tub. ischii reichenden Knie- stützmaschine geht das Kind, vorerst noch ohne Freigabe des Kniegelenks, vortrefflich, kann springen etc. Allgemeinbefinden vorzüglich. Starke Gewichtszunahme, gute körperliche Weiterentwicklung.

81. 1 weiterer Fall, innerhalb 6 Monaten geheilt. Guter Zustand noch 1890 constatirt.

Fussgelenk. 4 Fälle. 82—85.
Vereitert 3 Fälle.

82. N. 1 Incision und Auswaschung (ohne Narkose). Geheilt in acht Wochen. Bestand 7½ Jahre.

83. H. 1 Herd im Malleolus externus. Auskratzung, Tamponade. Hei- lung in 5 Wochen mit beweglichem Gelenk. Nach ¼ Jahr wieder fistulös. Heilt nach ½ Jahr durch Auskratzung und Ausspritzung mit Perubalsam- äther aus. Ebenso bessert sich eine schwere Keratitis scrofulosa. — 1890 fast freie Beweglichkeit des Gelenks und gutes Allgemeinbefinden constatirt. Einige Hornhautflecken. 1891 wieder eine Fistel, ohne Beweglichkeits- beschränkung im Gelenk, gegen welche Zimmtalcoholausspritzungen ange- ordnet werden; Auskratzung abgelehnt. Bleibt wegen wieder eingetretener Keratitis scrofulosa aus der Behandlung weg.

84. P. A., 5 J. alt. Mutter tub. pulm. — Angeblich seit 2½ Jahren fungöse Erkrankung des Fussgelenks, einmal anderwärts ausgekratzt, seitdem je 1 Fistel aussen und innen unterhalb der Knöchel; fungöse Massen um die Knöchel herum; kann mit Schienenschuh und Stock etwas gehen. — Vom 6. März 1890 bis 3. November 1890 13 Injectionen mit Perubalsam, theils in die Glut. musc., theils in die fungösen Massen an der Innen- und Aussenseite des Fussgelenks. Zunehmend bessere Beweg- lichkeit und Besserung des Allgemeinbefindens. (Letzte Einspritzung war mit Zimmtsäureemulsion.) Seit 3. November 1890 ausser Behandlung. Keine Spur von Recidiv. Gute Gehfähigkeit ohne zu hinken. Zunahme der sehr atrophischen Wadenmusculatur. Vorzügliches Allgemeinbefinden.

Ohne Eiterung 1 Fall (alte Narben).

85. Starke Auftreibung der Malleolus internus. Erfüllung des Ge- lenkes mit Fungus. Unfähigkeit zu gehen; in 8 Wochen gehfähig. Nach ½ Jahr Recidiv, erneute Behandlung. Fungus schrumpft. (Nach 3 Wochen wieder gehfähig.) Poliklinisch. Die Verdickung des Malleolus internus bleibt bestehen.

Calcaneus. 7 Fälle. 86—92.
Sämmtlich vereitert.

6 geheilt — Auskratzung und Tamponade.

86—91. Bei 4 Heilung z. Th. seit über 6 Jahren festgestellt. Von 2 Schicksal nicht festzustellen.

92. Doppelseitig bei einem sehr elenden, atrophischen Kind von 4 Jahren, welches noch nicht sprechen kann. An einer Seite ausgeheilt, an der andern beginnen sich die Fisteln einzuziehen, als das Kind an allgemeiner Schwäche eingeht.

Ellbogen. 7 Fälle. 93—99.
Vereitert 4 Fälle.

93. 43 jähriger Mann, früher Amputation des Unterschenkels wegen Fussgelenksfungus; Bacillen im Sputum. Anderwärts amputatio humeri vorgeschlagen. Ausgekratzt (Sequester im Olecranon), Tamponade u. s. f., parossale und intravenöse Injectionen. Seit 4 Jahren mit beweglichem Ellbogengelenk geheilt. Ist wieder arbeitsfähig. = No. 123.

94. Eine 56 jährige Frau, mit fungöser Vereiterung des Ellbogengelenks, ohne Operation — nur Ausspritzungen und parossale Injectionen — in 8 Monaten geheilt. Heilung hat noch jetzt Bestand. In 1890 secernirt einmal eine Fistel wieder 10 Wochen. — Beweglichkeit zwischen 60 und 130 °. — Auffallende Besserung des Allgemeinbefindens.

95. K., 58 J. alt. Angeblich nach Verletzung entstandener, fistulöser Fungus cubiti. In 4 Monaten ausgeheilt durch Auswaschen mit Perubalsamäther. Beweglichkeit ca. 30 °. Seit 2 Jahren; später ein tuberculöser Hoden exstirpirt.

96. G., 63 J. alte Wittwe. Im Frühjahr 1889 von einem Collegen resectio cubiti dextri wegen Fungus in sehr ausgedehnter Weise, Nachbehandlung mit Perubalsam. Ausgeheilt bis auf 2 kleine Fisteln, mehrmals leichte Erysipele an dem Arm.

Im Oct. 1889 beginnt eine Anschwellung des rechten Ellbogengelenks, ziemlich acut, unter Schmerzen und mit erhöhter Temperatur. Nach wenig Wochen hat sich eine typische spindelformige fungöse Ellbogenentzündung entwickelt. Am 13. October 1889 resectio cubiti d. Der Knochen zeigt sich mit Ausnahme eines Herdes im Olecranon relativ intact; ausgedehnte Entartung der Synovialis, welche abgeschabt wird; Auskratzung des Herdes im Olecranon. Tamponade mit Perubalsamgaze und Drainage. Verlauf zunächst gut. Ein grosses necrotisch gewordenes Knochenstück am Epicondylus ext. hum. stösst sich bei dem Alter und dem geringen Kräftestand der Frau nur sehr langsam, erst im Mai 1890 ab. Eine das Ellbogengelenk schräg durchsetzende Fistel kommt trotz Durchspritzung mit Perubalsam nicht zur Heilung. Parenchymatöse Einspritzungen werden abgelehnt.

Ende September 1890 stirbt Frau G. an einer catarrhalischen Pneumonie.

97—99. 3 Fälle, nicht vereitert. — 2 mit Herden im Radiusköpfchen, bei einem Ausgangspunkt nicht festzustellen. Geheilt seit 1887 und 1888. Nur von 1 Fall konnte 1890 noch Bestand der Heilung festgestellt werden.

Ulna. 2 Fälle. 100, 101.

100. Mit Sequesterbildung im Olecranon, scrofulösem Abscess der Cubitaldrüse und gleichzeitigem Fungus des Calcaneus. — S. No. 88. Ausgeheilt innerhalb 9 Monaten 1889. Heilung 1891 constatirt.

101. Fungöser Herd im Proc. styl. uln. bei einer 52 jährigen Dame. Zugleich Fungöse Schwellung hinter dem Malleolus externus. — Stürmischer Anfang mit Abendtemperaturen von 39 °. — Incision, Auskratzung, Tamponade mit Perubalsam. — Ausheilung beider Herde in 6 Wochen.

Trotzdem das Handgelenk frei geblieben war, bildet sich leichte Flexionsstellung aus. Trotz Massage, Bädern, gymnastischer Behandlung

(Baden-Baden) ist eine allerdings nur unbedeutende Beweglichkeits-
beschränkung im Handgelenk zurückgeblieben. Heilung seit 1³/₄ Jahren
bei sehr gutem Allgemeinbefinden.

Handgelenk. 6 Fälle. 102—107.

Hiervon 4 vereitert.

102. Frau, 32 J. Spitzenaffection (Bacillen), früher Amputation
des Unterschenkels wegen Vereiterung des Fussgelenks. Atypische Resection des Handgelenks, parossale und intravenöse Injectionen. — Geheilt in sechs Monaten. Gewichtszunahme 25 Pfund. Seitdem 2 gesunde
Kinder, von denen eines 7 Monate gestillt wurde. Heilung seit 5 Jahren;
neustens durch Mittheilung des behandelnden Arztes bestätigt. Subluxa-
tionsstellung des Handgelenks.

103. 69jähriger Mann. Parossale Injectionen, Eröffnung und Ausspritzung eines Abscesses auf dem Handrücken. Mit Ankylose geheilt
in fünf Monaten. Seit 2½ Jahren. Heilung noch vor ½ Jahr constatirt.

104. 1. Fall — vereitert, aber nicht geöffnet. Gleichzeitige vorgeschrittene Lungenphthise. S. No. 126.

Parossale und intravenöse Injectionen durch 8 Wochen. — Nach
½ Jahr Tod an Tuberculose in Davos. Nach Mittheilung der Angehörigen war die Hand wieder soweit gebrauchsfähig geworden, dass
Patient leichte Gegenstände, Gläser etc. damit halten konnte.

105. 19 J. altes Fräulein, mit Lungenphthise. S. No. 135. Fungus
manus mit Erweichung, Crepitation etc. In 8 Wochen 15 Injectionen ins
Gelenk, daneben intravenöse Injectionen. Zunächst nur geringe Besserung. 6 Wochen später Aufbruch mit Bildung zweier Fisteln, die unter
Perubalsampflaster und Ausspritzungen mit Perubalsamäther in 5 Monaten
heilten mit mässiger Beweglichkeitsstörung. Seit 6 Monaten keine Nachrichten.

106. nicht vereitert, in zweimal 6 Wochen, mit Pause von ½ Jahr
soweit gebessert, dass nur noch bei extremen Bewegungen etwas Schmerz.
Geringe Beschränkung der Beweglichkeit. Ein Vierteljahr nachher nochmals derselbe Zustand festgestellt. Seitdem keine Nachrichten.

107. Frau, 35. J. alt, Fungus manus, vereitert, Crepitation etc.
16. Mai 1881 resectio manus atypica, Entfernung von 4 grossen
tuberculösen Sequestern, Drainage, Tamponade mit Perubalsamgaze.
29. Mai in guter Granulation wegen Wegzugs von Leipzig aus der
Behandlung ausgetreten.

Weitere Schicksale unbekannt.

108—111. Finger und Metacarpus 4 Fälle, 2 durch parossale
Injectionen geheilt. 2 durch Auskratzung und Tamponade (spina ventosa
centralis).

111—115. Rippen 4 Fälle, sämmtlich vereitert, cariöse Stellen
an den Rippen nachgewiesen. 2 ausgekratzt und tamponirt, seit 2 Jahren
geheilt. 2 nur incidirt und ausgespritzt. In diesen 2 Fällen (114, 115)
nach ¼ resp. nach ½ Jahre erneute Fistelbildung, welche im ersten
Fall nach 6 Wochen sich wieder schloss, im zweiten Fall soll auch in
einigen Wochen Heilung wieder erfolgt sein.

116. Sternum 1 Fall. Ausgekratzt, tamponirt. Geheilt in 3 Wochen. seit 5 Jahren.

117. Gesicht 1 Fall. Grosser Abscess am Oberkiefer und Jochbein bei einem auch sonst hochgradig scrophulösen Jungen. Incision und Auskratzung (Jochbein und Oberkiefer von Periost entblösst). Auswaschung und Tamponade. Geheilt ohne Necrose.

118. Kreuzbein 1 Fall. Abscess neben anderen fungösen Processen, durch 3 Injectionen geschrumpft.

119—120. Hieran könnten noch 2 Fälle von Blasentuberculose geschlossen werden, welche nicht der intravenösen Injection unterworfen, sondern nur örtlich behandelt wurden.

119. Ein 42jähriger Herr litt seit mehreren Jahren, neben profusen Diarrhöen an zunehmenden Harnbeschwerden. Der Harn war alkalisch, stark eiter- und oft bluthaltig. Der Drang zum Uriniren stellte sich schliesslich alle Viertel- bis Halbstunden ein. — Die Untersuchung mit der Sonde ergab extreme Schmerzen des Blasenhalses, sonst nichts. Die aus den klinischen Erscheinungen gestellte Diagnose — Tuberculose der Blase — wurde durch das Auffinden von Bacillen im Sediment bestätigt. Die Behandlung bestand im öfteren Einbringen von 2%iger Perubalsamgummiemulsion, welche trotz Cocain recht schmerzhaft war, und länger fortgesetztem Gebrauch von Adelheidquelle. Der Kranke hat — seit 3 Jahren — einen fast klaren Urin und nur wenig vermehrten Harndrang. Der Kranke ist 2 Jahre später i. e. 5 Jahre nach der Behandlung an einer Lungenkrankheit gestorben.

120. Bei einem 21jährigen Commis wurde ich — wegen heftiger Blasenblutungen — veranlasst die Boutonnière zu machen und die Blase mit dem Finger zu untersuchen. Die schon vorher auf Blasentuberculose gerichtete Vermuthung wurde bestätigt. Die Behandlung bestand in 14tägigem Einbringen — länger konnte Patient in meiner Privatklinik nicht bleiben — von dünner Perubalsamemulsion in die Blase; ohne wesentliche Schmerzen. Die Blutungen schwanden, der Harndrang ist gering, doch enthält der Urin immer noch Eiter, in welchem Bacillen nicht mehr gefunden wurden. Eine hartnäckige Harnröhrenfistel hat sich nach ca. 1/2 Jahr geschlossen. Der Kranke ist nunmehr 2 1/2 Jahre in gutem Gesundheitszustand und arbeitsfähig geblieben. Urin stets noch catarrhalisch.

Fassen wir diese Fälle noch einmal kurz zusammen, so ergibt sich, dass auf 120 Fälle 7 Todesfälle sich ergeben — 1 an Meningitis tuberculosa, 2 an Erschöpfung, 1 an catarrhalischer Pneumonie, 1 an innerer Tuberculose, 1 an unbekannter Ursache, 1 an Lungentuberculose; nur in 1 Fall steht der Exitus in directem Zusammenhang mit dem örtlichen Leiden (Fall 60), wo das Kind sich nach einer atypischen Resection bei kolossalem Senkungsabscess nicht wieder erholen konnte. — Schliessen wir Fall 119 aus, so haben wir eine Mortalität von 5% mit diesem, = 5,8%.

Nehmen wir die leichten Fälle — Drüsen- und Hauttuberculose

weg, so behalten wir für die Tuberculose der Knochen und Gelenke
— 76 Fälle mit 6 Todesfällen = 7,9 % Mortalität. Ungeheilt geblieben sind — 8 = 10,5 %.

Für die einzelnen Krankheitsformen eine Statistik aufzustellen,
dafür sind die Zahlen zu klein.

Auf Grund dieser Beobachtungen habe ich die Thesen aufgestellt, die ich im Wesentlichen auch heute noch aufrecht erhalten
kann. (Münch. Med. Wochenschr. 1888 No. 40, 41. 1889 No. 4 und
deutsche Med. Wochenschr. 1890 No. 14—15.

„Wir sind im Stande, der conservativen Behandlung fungöser
Processe, zu der wir ja an sich heute mehr neigen, als vor einigen
Jahren, eine weit grössere Ausdehnung zu geben, als bisher, und
dieselbe wesentlich abzukürzen.

Operationen können eingeschränkt, und die grossen, verletzenden
Eingriffe durch Auskratzungen, Sequesterextractionen, atypische Resectionen, Arthrotomieen ersetzt werden. Auch bei den Operationen
giebt die sorgfältige Nachbehandlung mit Perubalsam einen grösseren
Schutz gegen Recidive. Die Amputation wegen fungöser Processe
dürfte nur in sehr seltenen Fällen noch in Frage kommen.

Bei fungösen Processen, welche nicht zur Verflüssigung neigen,
vermögen wir durch parenchymatöse Injectionen in den Fungus diesen
zum Schrumpfen zu bringen.

Ich muss jedoch gleich hier auf einige Schwierigkeiten und
Unbequemlichkeiten der Perubalsambehandlung hinweisen. — Es ist
oft bei dem Beginn der Behandlung schwer, in dem allgemeinen
Infiltrat der Gelenkgegend den eigentlichen Herd sofort zu erkennen.
Man spritzt daher zunächst oft in Stellen, wo vielleicht bloss Oedem
u. s. w. sich findet. Mit dem Fortschreiten der Abschwellung lässt
sich aber der primäre Herd feststellen, und man kann gegen ihn
vorgehen und hat schliesslich nur einige Zeit verlören.

Dann sind natürlich die centralen Knochenherde der parossalen
Injection nicht direct zugänglich. Dass jedoch auch diese ausheilen,
und dass man auch ihnen beikommen kann, davon später.

In neuester Zeit sind von KITTEL (Erlangen) 20 Fälle referirt,
die mit Perubalsam behandelt sind, von denen 5 keinen Erfolg gaben,
die anderen auch grösstentheils den gehegten Erwartungen nicht ent-
sprachen. Was von dem Perubalsam erwartet wurde, ist nicht genau
ersichtlich. Dass ich die Schlüsse aus meinen Beobachtungen mit
grosser Reserve gezogen habe, wird jeder zugeben, der meine Ver-
öffentlichungen (Münch. Med. Wochenschr. 1888 No. 40 u. 41, 1889
No. 4) gelesen hat. Die Erfolge KITTEL's wären besser gewesen,

wenn · 1) mit in reinen Perubalsam getauchtem Mull tamponirt worden
wäre, 2) von den parossalen Injectionen ein reichlicherer Gebrauch
(max. 6 Injectionen) gemacht und dabei stärkere Concentration genommen worden wäre; 3) wird mit Perubalsamgelatinestäben (1 : 9)
in Fisteln wenig erreicht, weil der Perubalsam, in ein schleimiges
Vehikel eingehüllt — wie alle Antiseptica — nicht mehr antiseptisch
wirkt. Ich bin von den Tragantstäbchen, die ich auch versuchte,
längst wieder zu Ausspritzungen mit Perubalsamäther (1 : 1) zurück-
gekehrt; 4) habe ich den intramusculären Perubalsaminjectionen nie
„fast dieselbe Wirkung beigemessen wie den intravenösen.“ Dass
Sequesterbildung unbedingt eine Operation erfordert, dürfte wohl
zweifellos sein.

Von einer rein „operationslosen“ Heilung tuberculöser Processe,
wie sie mir hier imputirt wird, habe ich nirgends gesprochen. Ich
habe nur gesagt (Münch. Med. Wochenschr. 1889, No. 4), „dass wir
im Stande sind, der conservativen Behandlung fungöser Erkrankungen
eine weit grössere Ausdehnung zu geben, als bisher, und dieselbe
wesentlich abzukürzen.“

Dass die parenchymatöse resp. parossale Injection schwer löslicher Stoffe bei fungösen Processen nicht die souveräne Missachtung
verdient, wie sie mir noch vor einem Jahre entgegengebracht wurde,
zeigen die zahlreichen — publicirten und nicht publicirten — In-
jectionsverfahren bei Fungus, welche jetzt plötzlich hervorschiessen.

Es scheint überhaupt, dass die Ausführungen, welche ich bisher gegeben, sehr vielfach falsch aufgefasst worden wären. So
finde ich die Notiz, „ich filtrire die Emulsion so lange, bis keine
corpusculären Elemente drin wären“ — eine contradictio in adjecto.
Oder der Perubalsam wird bei Seite geworfen, wenn 3 Injectionen
in ein Fussgelenk — ohne Schutz durch eine Kapsel, ohne Bettlage
— einen seit 1 ½ Jahren bestehenden Fussgelenksfungus nicht zur
Heilung bringen. Oder ich werde gefragt, in welcher Concentration ich Perubalsamäther in die Lunge spritze. Oder die Tamponade mit in Emulsion getränkter Gaze — einem antiseptisch natürlich werthlosen Stoff — befriedigt nicht u. s. w. — Man darf von einer
Methode nicht das Unmögliche verlangen und soll sich im übrigen
— bei der ersten Prüfung — an die Vorschläge dessen halten, der
seit Jahren damit arbeitet.“

Die Ergebnisse sind daher den mit Jodoforminjectionen erzielten
(Wendelstadt 68 % Heilungen) mindestens gleich, wenn sie dieselben
nicht noch übertreffen. — Es ist zu beachten, dass kein einziges Mal
eine Amputation nöthig wurde.

Die Erfahrungen mit der Perubalsambehandlung innerer Tuberculose werden im Folgenden mitgetheilt.

Als Regel wurde die intravenöse Injection vorgenommen, nur aushilfsweise und zur Unterstützung die intramusculäre. Nach den Anschauungen, die ich in Abth. I pag. 10 über die intravenöse Injection corpusculärer Elemente mitgetheilt habe, kann in der That nur der intravenösen Injection ein wirklicher Werth beigemessen werden. Nur wenn die körperlichen Stoffe unmittelbar in den Kreislauf eingebracht werden, können dieselben — in genügender Menge — nach den entwickelten mechanischen Gesetzen an den kranken Orten niedergeschlagen werden und dort ihre Entzündung erregende und damit heilende Wirkung entfalten. Bei der intramusculären oder subcutanen Injection werden die Körnchen von den weissen Blutkörperchen aufgenommen, nach den Lymphdrüsen geschleppt und gelangen so erst auf Umwegen, jedenfalls in erheblich verminderter Zahl in den Kreislauf. Dies beweisen die Mittheilungen von Opitz aus dem Dresdener Stadtkrankenhaus,[1] der die Lymphdrüsen der Achselgegend — es wurde in den Pectoralis major eingespritzt — vollgestopft fand mit Leucocyten, welche Perubalsam enthielten.

Die Resultate, welche im Dresdener Stadtkrankenhause mit der intramusculären Injection von Perubalsam erzielt · wurden, waren ja — theilweise — recht günstige, namentlich besserte sich in den meisten Fällen der Appetit ganz erheblich, immerhin waren sie keine gleichmässig günstigen, bei schwereren Fällen durchaus negativ.

Die bei der intravenösen Injection von Perubalsam gemachten Erfahrungen sind folgende:[2]

Die ersten zwei Fälle waren nicht besonders ermuthigend.

121. In dem einen handelte es sich um eine colossale Caverne im rechten Oberlappen mit hohem Fieber, starkem Auswurf. Die intra-

---

[1] Münchener Medicinische Wochenschrift 1859, No. 47.

[2] Die ersten 8 Fälle sind bereits in den früheren Mittheilungen veröffentlicht; hier sind die späteren Schicksale mit erwähnt.

venösen Injectionen wurden 1885/86 noch mit der alten Gummiemulsion
gemacht. Der Kranke erholte sich — Auswurf und Bacillengehalt desselben verminderten sich, und der Kranke hielt sich — trotz der grossen
Zerstörungen in der Lunge — sehr gut, war fieberfrei und nahm an Gewicht zu. Er ging später aufs Land und ist dort — wie ich nachträglich erfuhr — 1887 gestorben.

122. In dem zweiten Falle handelte es sich um einen jungen
Menschen, dem ich früher scrophulöse Lymphdrüsenpackete am Halse
exstirpirte und den ich an einer schleppend verlaufenden Syphilis behandelte. Derselbe magerte sehr rasch ab, hatte ausgedehntes Rasseln
mit spärlichem aber stark bacillenhaltigem Sputum und Abendtemperaturen
über 40⁰. Als er in meine Privatklinik eintrat, war er nicht im Stande,
die Treppen zu steigen. — Binnen 6 Wochen, während er jeden zweiten
Tag intravenöse Injectionen erhielt, erholte er sich soweit, dass die
Temperatur normal war und er wieder eine halbe Stunde spazieren
gehen konnte. — Auch er ist, da die Behandlung nicht fortgesetzt werden
konnte, ein Vierteljahr später zu Grunde gegangen.

Günstiger verliefen folgende 3 Fälle:

123. Der eine betraf einen 43 jährigen Mann, dem mehrere Jahre
vorher der eine Unterschenkel wegen Caries des Fussgelenks amputirt
war und der wegen tuberculöser Entartung des einen Ellbogengelenks,
Spitzenaffection mit Fieber, Abmagerung, Auswurf mit mässigem Bacillengehalt in meine Behandlung kam. Er war, weil er die Amputation ab-
lehnte, aus einem Krankenhause ausgewiesen worden. Derselbe ist
durch intravenöse und parossale Injectionen und Auskratzung der Fisteln —
seit 4 ½ Jahren mit beweglichem Ellbogengelenk und Schrumpfung der
linken Lungenspitze geheilt und zur Zeit arbeitsfähig.

124. Einer 32jährigen Frau war gleichfalls 1 ½ Jahr vorher wegen
Caries des Fussgelenks der Unterschenkel amputirt worden. Auch sie litt
an Vereiterung eines Handgelenks, Nachtschweissen, Husten mit bacillenhaltigem Auswurf, Fieber und Abmagerung. Dieselbe ist seit 5 ½ Jahren
mit beweglichem Handgelenk geheilt. Sie hat um 25 Pfund zugenommen,
ist schwanger geworden, hat ein gesundes bis jetzt lebendes Kind ge-
boren, welches sie 7 Monate ohne Störung stillte, gewiss ein Zeichen
wirklich solider Heilung. Später noch ein 2. Kind. Pat. ist auch heute
noch gesund und blühend. (= No. 102.)

125. Eine junge Dame, seit 4 Jahren leidend, bei der von verschiedenen Autoritäten Darmtuberculose diagnosticirt und bisher jede Behandlung erfolglos gewesen war, kam zu mir mit 8—12 blutigen Stühlen p. d.
Sie war auf das äusserste herabgekommen, hatte Oedeme der Beine und
war nicht im Stande auch nur wenige Minuten zu gehen. — Dieselbe
ist — nach einem 4monatlichen Aufenthalt in meiner Privatklinik, wo
sie jeden 2. Tag intravenöse Injectionen erhielt, soweit, dass sie um
12 Pfund an Gewicht zugenommen, 2—3 breiige nicht blutige Entleerungen
täglich hat und sogar Bergtouren ausführen kann. Sie ist seit nunmehr 3 Jahren gesund ohne Recidiv geblieben. Es ist sogar — wohl
der beste Beweis der Heilung — nach den Mittheilungen des Haus-
arztes eine mässige Stenose des Mastdarmes, wo sich tuberculöse Geschwüre befunden hatten, eingetreten.

126. Ein 28jähriger Herr, dessen 2 Brüder an Tuberculose gestorben und der schon seit Jahren nur in klimatischen Curorten (Davos u. s. w.) lebt, kam zu mir wegen Tuberculose des einen Handgelenks. Ausserdem hatte derselbe Larynxphthise und in beiden Oberlappen Cavernen, bei sehr bacillenhaltigem Sputum. — Derselbe ist in 6 wöchentlicher Behandlung soweit, dass die Stimme kaum mehr heiser ist, die Bacillen im Sputum abgenommen haben. Zunahme des Körpergewichts 5 Pfund. Er ist im Stande, mit der kranken Hand wieder Gegenstände anzufassen. Nachdem zu Anfang nur Injectionen in's Handgelenk und Touchirung des Larynx mit Perubalsamäther vorgenommen war und dabei die Erfolge wenig befriedigend waren, wurde seit Vornahme der intravenösen Injectionen eine rasche Besserung wahrgenommen. Der Kranke ist ¹/₂ Jahr später in Davos seiner Tuberculose erlegen, das Handgelenk war so ziemlich geheilt.

127. Eine beginnende Phthise — 42jähriger Mann, dessen Frau an Lungentuberculose gestorben — mit geringem Bacillengehalt im Sputum, deutlicher handtellergrosser Dämpfung rechts vorn unter der Clavicula, hat sich binnen 6 Wochen soweit gebessert, dass die Dämpfung sich aufgehellt, jedoch nicht verschwunden ist und die Bacillen aus dem Sputum verschwanden. Derselbe ist wieder völlig arbeitsfähig und ist bis jetzt geheilt geblieben.

128. Ein 28jähriger Schriftsetzer, seit mehreren Jahren leidend, kam zu mir mit einer grossen Caverne, welche so ziemlich dem ganzen rechten Oberlappen entsprach; Infiltration des linken Oberlappens, Rasseln über beiden Lungen, reichlichem Auswurf, der fast eine Bacillenreincultur, starker Abmagerung u. s. w. Er wurde erst mit der Gummi-, später mit der Eidotteremulsion 9 Wochen lang eingespritzt. — Auswurf und Dyspnoe nahmen ab, die Bacillen waren etwas spärlicher. Der gänzlich unbemittelte Patient glaubte wieder in Arbeit treten zu können und gab die Behandlung auf. Von einem wirklichen Erfolg kann hier keine Rede sein. Der Kranke ist ein Vierteljahr später gestorben.

Die bisher noch nicht veröffentlichten weiteren Fälle sind folgende:

129. Sch., Arno. 19jähriger Commis. December 1889 an einer ausgedehnten tuberculösen Mastdarmfistel operirt, welche jedoch trotz ausgiebiger Spaltung wenig Neigung zur Heilung zeigte. — Im Januar 1890 Verschlimmerung des schon vorher vorhandenen Hustens mit Auswurf. Abmagerung.

Untersuchung der Lungen 25. Febr. 1890 ergiebt: Dämpfung rechts vorn bis zum obern Rand der 2. Rippe, rechts hinten oben bis fast zur Spina scapulae; daselbst reichliches feuchtes Rasseln; im Uebrigen auf den Lungen keine Abnormität nachzuweisen. — Auswurf zeigt nahezu eine Reincultur von Bacillen. — Patient giebt an, früher mehrfach Hämoptoë gehabt zu haben.

Von 25. Februar bis 18. Juni erhielt Patient 26 Injectionen von Perubalsamemulsion 0,3 — 0,5 ccm. Husten und Auswurf verminderten sich; ebenso der Bacillengehalt des Auswurfs; die Dämpfung hellte sich auf; die Rasselgeräusche schwanden und über der rechten Spitze war nur noch ein abgeschwächtes saccadirtes Athmen zu hören. Appetit und Schlaf gut. Gewichtszunahme. Herbst 1890 besuchte Patient ein Seebad, wo der Auswurf völlig schwand. In dem spärlichen schleimigen Auswurf fanden sich keine Bacillen mehr. Auch die Mastdarmfistel war geheilt.

Bei einer Untersuchung Ende December 1890 liess sich nur noch ein ganz geringer Schallunterschied rechts vorn gegen links hinten constatiren. Athemgeräusche daselbst abgeschwächt, kein Rasseln. Rechte Lungenspitze steht um 1 Querfinger tiefer, als die linke. — Kein Husten, kein Auswurf. — Vorzügliches Allgemeinbefinden. Gewichtszunahme 12 Pfund.

130. P., Hermann, Bahnarbeiter. Schon seit mehreren Jahren hals- und lungenleidend.

Stat. vom 25. April 1890. — Tuberculöse Geschwüre an der Epiglottis, an den falschen und echten Stimmbändern. Totale Aphonie. Rechte Lungenspitze bis zur Clavikel Dämpfung mit Bronchialathmen und reichlichem Rasseln. Sputum — Bacillenreincultur. Hochgradige Abmagerung; Schweisse, anscheinend Abends Temperaturerhöhung.

Patient erhält vom 25. April — 20. Mai 9 Injectionen von Perubalsamemulsion 0,3—0,6 ccm. — Stimme etwas besser, Appetit gut, Schweisse angeblich verschwunden, guter Schlaf, Husten vermindert. Tritt 14. Mai 1890 wieder in Dienst. gegen ärztlichen Rath. Soll Herbst 1890 gestorben sein.

131. W., 28 jährige Frau.

Vor zwei Jahren angeblich Rippenfellentzündung; seitdem langsame Abmagerung von 140 auf 120 Pfund, Husten mit Auswurf, schlechter Schlaf, mitunter Nachtschweiss, schlechter Appetit. Häufig Schmerzen in der rechten Seite (Lebergegend).

Lungenbefund 24. April 1890. — Rechte Spitze gedämpft bis Fingerbreit unter der Clavikel, Athmen daselbst abgeschwächt, aber kein Rasseln. Rechte Axillarlinie Verschiebung der untern Lungengrenze so gut wie aufgehoben. Bacillengehalt des Auswurfs gering.

Erhält vom 24. April bis 22. Juli 14 Injectionen zu 0,5 ccm Perubalsamemulsion. — Schweisse verschwunden, Appetit und Schlaf gut; Husten sehr vermindert. Subjectives Wohlbefinden. Keine Gewichtszunahme. Keine Bacillen im Auswurf.

Bei einer Vorstellung im November 1890 ist eine Gewichtszunahme von 8 Pfund eingetreten. Die rechte Spitze steht eine Daumenbreite tiefer, als die linke. Schall auf der rechten Clavikel bei directer Percussion etwas kürzer, als links. Athemgeräusch schwach, aber rein, kein Rasseln.

132. J., Dr. med., 28 J. alt. Vielleicht ein Jahr leidend, seit einigen Monaten verschlimmert. Husten mit bacillenhaltigem Auswurf, mässige Abmagerung, gelegentlich Nachtschweiss, in letzter Zeit erhöhte Abendtemperaturen — 38,6 °.

Aufnahme 8. März 1890. Lungenbefund: Rechts vorn bis zum 2. Intercostalraum relative Dämpfung, daselbst mässig reichliche Rasselgeräusche. Rechts hinten bis zur Spina scapulae geringe Verminderung der Intensität des Schalls. Linke Spitze hin und wieder vereinzeltes Rasselgeräusch. Sputum enthält sehr viel Bacillen.

Patient erhält bis 26. April 1890 22 intravenöse Injectionen mit Perubalsamemulsion, durchschnittlich 0,4 ccm; dabei einige glutäale zu 2,0 ccm. — Die Temperatur war von Mitte März ab normal, der Appetit hob sich, Husten und Auswurf verminderten sich; auch die Dämpfung war weniger intensiv; Bacillengehalt stets gering, zuweilen gar keine. Bei der Entlassung am 26. April stand die rechte Lungenspitze tiefer; die Dämpfung hatte sich von unten her um einen Intercostalraum aufgehellt. Rasselgeräusche nicht vorhanden. Bacillen in den letzten Präparaten nicht zu finden. Gewichtszunahme 6 Pfund. Patient fuhr eine Zeit lang zur See, und erholte sich dabei sehr gut. Bei einer Wiedervorstellung im April 1891 liess sich eine ganz leichte Dämpfung rechts vorn zum 1. Intercostalraum nachweisen, doch ohne jegliche Geräusche; Tiefstand der rechten Lungenspitze. Ernährungsstand vorzüglich, aber im Sputum eine nicht unbeträchtliche Menge von Bacillen.

133. St., 26jährige Markthelfersfrau. Zahlreiche Entbindungen in rascher Folge; Husten und Auswurf schon längere Zeit. Vor 1/2 Jahr Entbindung, seitdem rascher Verfall, starke Abmagerung, profuse Nachtschweisse, reichlicher Auswurf mit quälendem Husten; hochgradige Kurzathmigkeit.

10. März. Kräftig gebaute, sehr abgemagerte und blutarme Frau; schon Morgens erhöhte Temperatur (38,2 °). Beide Lungenspitzen bis zur Clavikel gedämpft. Rasseln, abgeschwächtes Inspirium, bronchiales Exspirium; Rasseln, Giemen und Knacken. — Auch über den übrigen Lungenpartien catarrhalische Geräusche. Bacillen sehr reichlich, theils zerstreut, theils in zusammenhängenden Rasen. Patientin erhält vom 10. März bis 21. Mai 18 Injectionen zu durchschnittlich 0,5 Emulsion. Appetit wird besser, Schweisse verschwinden, auch der Husten bessert sich und die Bacillen vermindern sich. Patientin verreist, will auf der Reise eine Lungenentzündung bekommen haben, welche sie sehr in ihren Kräften zurückbrachte. Bei einer Wiedervorstellung October 1890 ist Patientin so hinfällig, dass von jeder Behandlung abgesehen wird. Tod Januar 1891.

134. Sch., 31jähriger Eisenbahnschaffner. Beginn der Behandlung 10. December 1889. (Perubalsam). Status: Dämpfung und Rasseln in der linken Spitze, viel Husten und Auswurf, fast Reincultur von Bacillen. 30. Januar. Linke Spitze kaum Unterschied gegen rechte; kein Rasseln, etwas saccad. Athmen. Im Sputum keine Bacillen. Fährt trotz Verbots wieder als Schaffner. — 1. April wieder reichliche Bacillen; linke Spitze Rasseln. Weitere Injectionen vom 1. April an, trotzdem Zunahme der Abmagerung; Dämpfung auch rechts zur 3. Rippe; Schweisse, reichlicher Husten. — Injectionen im Juli ausgesetzt; auf's Land; keine Besserung. Starb im November 1890.

135. P., Ella, 23 J. alt. Seit 2 1/2 Jahren lungenleidend, früher Abscess am Rücken (Spondylitis?); seit December 1889 Affection des rechten Handgelenks. Stat. vom 13. Mai 1890. Anämisch, mager. Temperatur z. Z. meist normal, gelegentlich bis 38,5 °; soll früher längere Zeit hoch gewesen sein. Rechts vorn bis zur 2. Rippe Dämpfung, Bronchialathmen und Rasselgeräusche; rechts hinten Dämpfung zur Spina scapulae, mit Bronchialathmen und reichlichen Rasselgeräuschen. Kein Schallwechsel. Ueber der ganzen rechten Lunge vorn und hinten reich-

liche diffuse Rasselgeräusche. Links vorn bis zur 2. Rippe Dämpfung, ebenso links hinten bis zur Spina scapulae; daselbst Bronchialathmen und Rasselgeräusche. Auch über der ganzen linken Lunge Rasselgeräusche, jedoch spärlicher als rechts. Auswurf mässig reichlich, schleimig-eitrig. Nachts oft den Schlaf störend. Schweisse selten. Appetit gering. Bacillen im Sputum zahlreich. Patientin erhielt vom 15. Mai bis 10. Juli 24 intravenöse Injectionen zu durchschnittlich 0,5—0,6 ccm; daneben eine Anzahl parenchymatöser in's rechte Handgelenk. Appetit und Schlaf wurden besser, ebenso nahm Husten und Auswurf ab, auch verminderten sich die Bacillen im Sputum. Patientin verbrachte einen guten Herbst, begab sich im folgenden Winter nach Davos, hat sich dort einer im Wesentlichen erfolglosen Tuberculinbehandlung unterzogen. Das Handgelenk soll mittlerweile ausgeheilt sein. (S. No. 105.)

136. G., 31 jähriger Kaufmann. Hat früher 7 Jahre lang an Coxitis suppurativa gelitten, welche mit Adductionscontractur ausheilte; dann stellte sich Lungenleiden mit Husten und Auswurf, darauf Vereiterung des rechten und später des linken Hoden ein; vor 1 Jahr mehrmals schwere Blasenblutungen. — Stat. vom 20. Mai 1890. Im Ganzen kräftig gebauter und gut genährter Mensch. — Rechte Lunge bis zur Clavikel relative Dämpfung, mit wenig Rasselgeräuschen. Urin blass, derbe Fetzen in kleinen Mengen absetzend, ohne Blutbeimischung. Zu beiden knotig verdickten Nebenhoden führen speckig belegte Fisteln mit unterminirten Rändern.

Patient erhält vom 22. Mai bis 8. Juli 18 Injectionen zu 0,5 ccm Perubalsamemulsion intravenös. — Irgendwelche wesentliche Besserung wurde während dieser Zeit nicht erzielt. — Die Secretion der Nebenhodenfisteln war etwas geringer, der Urin blass und wenig sedimentirend bei der Entlassung. Soll 1891 an einer Operation (unbekannt, welche) gestorben sein.

137. H., 26 jähriger Kaufmann. Patient hat seit mehreren Jahren einen Inoculationslupus an der Hand; Kehlkopferscheinungen seit ca. 1 Jahr. Dieselben wurden im Lauf der letzten Monate schlimmer. In den letzten Wochen auch Abmagerung und subjectiv weniger gutes Befinden.

Status vom 19. Mai 1890. Grosser, kräftig gebauter junger Mann; Stimme sehr heiser bis zur völligen Aphonie. Wenig Husten und Auswurf. Appetit genügend. Schlaf gut. Körpergewicht 148 Pfund.

Auf der Lunge lässt sich — bei mehrmaliger Untersuchung — über der rechten Spitze eine nur eben erkennbare Dämpfung feststellen; hier auch seltene vereinzelte knisternde Geräusche. — Im Uebrigen Lungen gesund, gute Excursionen des kräftig gebauten Brustkorbes. Ziemlich reichliche Bacillen im Sputum.

Larynx: Am linken wahren Stimmband ein eckiger Defect; die Ränder des rechten uneben; an den falschen tuberculöse Geschwüre.

Patient erhält vom 19. Mai bis 7. Juli 22 Injectionen zu 0,5 bis 0,7 ccm Perubalsamemulsion und wird alle 2 Tage intralaryngeal mit reinem Perubalsam gepinselt. Der Einfluss auf den Kehlkopf war ein geringer; im Ganzen schien die Stimme etwas besser und die Schleimhaut des Kehlkopfs etwas abgeschwollen. Das übrige Befinden besserte sich — bei guter Pflege und vorzüglichem Appetit — wesentlich, so dass

Patient in wenigen Wochen von 148 auf 165 Pfund Körpergewicht kam. Bacillen im Sputum weniger, aber nicht ganz verschwunden. Das Körpergewicht stieg späterhin noch bis 174 Pfund. Patient wurde im November anderweitig mit Tuberculin behandelt. Obgleich noch Geschwüre im Kehlkopf waren, war bei Patienten selbst bei grossen Dosen auch nicht die geringste Reaction zu erzielen.

Später liess sich Patient noch mit cantharidinsaurem Kali behandeln, was keinen örtlichen Erfolg, wohl aber einen Gewichtsverlust von 8 Pfund zur Folge hatte. Patient soll sich z. Z. eines im Ganzen guten Befindens erfreuen.

Hervorzuheben ist an diesem Fall die beträchtliche Gewichtszunahme und das Fehlen jeder Reaction auf das Tuberculin.

138. H., F., 22jähriges Fräulein. Seit 2 Jahren tuberculös, mehrfach in klimatischen Curorten gewesen.

Status vom 3. Juni 1890. Abmagerung. Temperatur Abends 38 bis 39,5 °; Morgens 37—38,6 °. Puls 80—100. — Sehr häufiger Husten, sehr reichlicher Auswurf, welcher fast eine Reincultur von Bacillen enthält. Schlaf schlecht, Schweisse. Appetit ganz ungenügend.

Lungenbefund : Vorn links bis zur 2. Rippe nahezu absolute Dämpfung, ebenso hinten links bis zur Spina scapulae. Daselbst reichliches Rasseln und Bronchialathmen. Rechte Spitze gleichfalls gedämpft. Ueber beiden Lungen reichliche feuchte Rasselgeräusche.

Patientin ist in Behandlung vom 3. Juni bis 2. August 1890. Während dieser ganzen Zeit gelingt es wegen enormer Enge der cutanen Venen nur 2 mal, eine intravenöse Injection (0,5 ccm) zu machen, worauf an diesen 2 Tagen die Abendtemperatur je zur Norm sank. Durch die vielen vergeblichen Versuche waren die Ellbeugen voll Infiltraten mit Perubalsam, welche sich sehr langsam resorbirten. 30 intraglutäale Injectionen zu 1,0 ccm bis 1,5 ccm.

Irgend welcher Erfolg — ausser Aufbesserung des Appetits — wurde nicht erzielt. Patientin starb November 1890.

139. D., Dr. med., 27 J. alt. Hat im Anschluss an die Influenza einen hartnäckigen Husten acquirirt; im Auswurf wurden Bacillen gefunden.

Status vom 3. Mai 1890. Fett, aber anämisch; Appetit im Ganzen gut; Schlaf unruhig, Schweisse selten. Husten wechselnd, Auswurf vorwiegend schleimig; geringer Bacillengehalt, mitunter auch keine zu finden.

Rechts hinten oben relative, aber im Ganzen wenig ausgesprochene Dämpfung, seltenes kleinblasiges, fast knisterndes Rasseln. Links hinten oben hin und wieder Giemen. Uebrige Lunge ohne nachweisbare Abweichungen.

Patient erhält vom 3. Mai bis 17. Juni im Ganzen 21 Einspritzungen mit Perubalsamemulsion. — Bacillengehalt, wenn überhaupt vorhanden, vermindert. Appetit sehr gut; Gewichtszunahme 8 Pfund, dann wieder 1 Pfund Abnahme. — Husten, Auswurf und Lungenbefund i. Gl. Patient nahm auch später noch an Gewicht zu — 152 Pfund.

Patient liess sich Winter 1890/91 mit Tuberculin behandeln, ohne wesentliche Einwirkung. — Durch diätetische etc. Behandlung hat er sich soweit erholt, dass er wieder seinen Beruf ausüben kann.

140. B., 29jährige Restaurateursfrau. Schon seit über 2 Jahren krank: zuerst eitriger Mittelohrcatarrh, der zur Vereiterung des Warzenfortsatzes, zur Operation und Fistelbildung führte; dann Laryngitis tuberculosa mit völliger Aphonie und Lungenerscheinungen. — Neben anderem hatte Patientin fast 1 Jahr lang Perubalsamemulsion inhalirt. In letzter Zeit starke Abmagerung, gelegentlich erhöhte Abendtemperaturen.

Status vom 15. März 1890. — Abgemagert, doch immer noch ein Körpergewicht von 130 Pfund. — Fistel hinter dem linken Ohr, gute nicht speckige Granulationen. — Larynx: Epiglottis und beide falschen Stimmbänder stark bläulich geschwollen; die falschen Stimmbänder sind nur schwer und theilweise zu Gesicht zu bekommen, dann sieht man die Ränder derselben uneben und zerfressen, namentlich im hinteren Theil der Stimmritze deutliche Defecte.

Rechte Lunge bis zur 2. Rippe vorn und hinten bis zur Spina scapulae gedämpft, reichliches Rasseln und Bronchialathmen. Links hinten oben gedämpft, Athmen abgeschwächt, Giemen.

In dem eitrigen Sputum sind bei mehrmaligen Untersuchungen Bacillen nicht zu finden (Perubalsaminhalationen?).

Patientin erhält vom 18. März bis 8. Juli im Ganzen 32 Injectionen von durchschnittlich 0,5 Emulsio balsami Peruviani, daneben Pinselung des Larynx mit Perubalsam.

Anfangs Besserung der Schlingbeschwerden und Halsschmerzen; dabei Besserung des Appetits und normale Temperatur. Juli 1890 wieder allmähliche Verschlechterung. Patientin stirbt Februar 1891.

141. K., 26jährige Kaufmannsfrau. Seit 3 Jahren lungenleidend, erblich belastet; öftere, zum Theil schwere Hämoptysen; Anfang 1890 Influenza, dadurch erheblich verschlechtert.

29. September. — Rechts hinten oben bis fast handbreit unter die Spina scapulae, rechts vorn oben bis zum 2. Intercostalraum Dämpfung stellenweise mit tympanitischem Beiklang, reichlichen Rasselgeräuschen. Links vorn bis zur Clavikel, links hinten bis 2 Finger über Spina scapulae Dämpfung mit Bronchialathmen und Rasseln. Auch über den übrigen Lungenpartien Schall schlecht und ungleich, diffuse Rasselgeräusche und abgeschwächtes, stellenweise unbestimmtes Athmen.

Kurzathmig; sehr reichlicher Auswurf, der nahezu eine Bacillenreincultur darstellt; quälender Husten, fast völlige Appetitlosigkeit, starke Abzehrung. Abendtemperaturen früher mitunter um 39,0°, zur Zeit 38—38,5°.

Patientin erhält vom 29. September bis 27. October 9 Injectionen von durchschnittlich 0,5—0,6 Perubalsamemulsion; Appetit wurde besser, die Rasselgeräusche verminderten sich erheblich, ebenso nahm auch der Auswurf sehr ab. Doch wurde Patientin ungeduldig und so wurden, da Patientin von den Einspritzungen nicht im geringsten belästigt wurde, vom 29. October an jeden 2. Tag Injectionen von 1,5 ccm gemacht. Am 7. November bekam Patientin plötzlich einen Schüttelfrost, mit folgenden Temperaturen 39—40,5°, Bruststechen, rostfarbenen Sputis und starb am 11. November unter den Erscheinungen der Herzschwäche.

Hierzu kommt noch eine vorgeschrittene Tuberculose (Dämpfung beider Oberlappen, reichliche Geräusche, Schweisse) bei einem 22jährigen Menschen, Sch. 142. Derselbe erhielt 8 Injectionen zu 0,2—0,3 Emulsio bals. peruv.; bekam dann Influenza. Die Injectionen wurden ausgesetzt. Patient starb nach kurzer Zeit. Ein weiterer Fall (R. No. 149), welcher gelegentlich eines Rückfalls nachher mit Zimmtsäure behandelt wurde, ist dort erwähnt (s. pag. 47). Er ist bei der Perubalsambehandlung als gebessert aufzuführen.

Fassen wir die Ergebnisse der Behandlung innerer Tuberculosen mit Perubalsam zusammen, so sind von 23 Behandelten

$$
\begin{array}{llr}
\text{gestorben} & \ldots \ldots & 11 = 47,8\,\% \\
\text{geheilt} & \ldots \ldots & 6 = 26,1\,\% \\
\text{gebessert} & \ldots \ldots & 4 = 17,4\,\% \\
\text{im gleichen Zustand} & & 2 = 8,7\,\% \\
\hline
& \text{Sa.} & 100\,\%.
\end{array}
$$

Hierzu ist zu bemerken, dass bei nicht weniger als 11 die Behandlung unter 2 Monaten blieb, eine nach den Erfahrungen absolut ungenügende Zeit. Es ergiebt sich somit von diesen 23 eine Zahl von $11 = 47,8\,\%$ als ungenügend behandelt. Daneben sind nicht weniger als acht sehr schwere Fälle = $34,8\,\%$, (No. 121, 122, 126, 128, 133, 138, 141, 142), wo von Anfang an auf einen Erfolg nicht gerechnet werden konnte.

Im Ganzen sind ja die Resultate nicht glänzend — $26,1\,\%$ geheilt, $17,4\,\%$ gebessert gebliebene. Selbst wenn man beide zusammen rechnet, bekommt man immer erst $43,5\,\%$ Erfolge. — Ein directer Schaden könnte höchstens in Fall K. (No. 141) angenommen werden; hier wäre die Annahme gestattet, dass durch die Einspritzungen der Verlauf beschleunigt worden wäre.

Andererseits sind aber doch wieder Fälle darunter (123, 124, 125, 129, 131), wo man eine günstige Wirkung der intravenösen Perubalsaminjection bei objectiver Betrachtung nicht wohl leugnen kann. Selbst in den schlecht abgelaufenen Fällen ist so gut wie ausnahmslos in den ersten Monaten eine unverkennbare Besserung eingetreten, die allerdings schliesslich dem Weiterschreiten des Processes gegenüber nicht Bestand behalten konnte, namentlich wenn die Behandlung zu kurz bemessen war (122, 126, 128, 132, 135, 136, 137, 139), oder äussere Umstände — namentlich ungenügende Ernährung und mangelnde Schonung ungünstig einwirkten — Fälle 130, 133, 134.

Ich konnte mich deshalb des Gedankens nicht erwehren, dass doch im Perubalsam wirksame Bestandtheile enthalten seien, mit deren Hilfe man bessere Erfolge müsste erzielen können, wenn man sie rein und damit concentrirter anwenden könnte. Ich dachte stets in erster Linie an die Zimmtsäure, wagte ihre Anwendung jedoch vorerst nicht. — Zunächst versuchte ich es mit der Sumatrabenzoë, einer Substanz, welche wesentlich mehr Zimmtsäure enthält, als der Perubalsam. Die Sumatrabenzoë ist noch schwerer löslich, als der Perubalsam.

Sie wurde verwandt in einer der späteren Perubalsamemulsion (mit Eidotter) analogen Form:

Rp. Benzoës Sum. 2,5
Ol. amygd. dulc. q. s.
Vit. ov. un.
Sol. natr. chlor. (0,7%) ad 100,0.

Reine Beobachtungen, d. h. Fälle, wo nur Sumatrabenzoë zur Verwendung kam, habe ich eigentlich nur einen Fungusfall, der hier folgt.

143. M. W., 18jähriger Lehrling. Seit mehreren Monaten langsam zunehmende, wenig schmerzhafte Schwellung auf dem Handrücken. — Diagnose: Fungus der Basis des 3. Mittelhandknochens — weiche Anschwellung, von kaum geröthcter Haut bedeckt.

17. August 1891. Injection von 0,6 einer 2½% Sumatrabenzoëemulsion in die Anschwellung.

Patient kommt am andern Tage wieder mit diffusem Oedem des Handrückens und klagt über sehr heftige Schmerzen, so dass Morphiumpulver gegeben werden, neben feuchten Umschlägen. Das entzündliche Oedem hielt ca. 8 Tage an; dann liess sich die Basis des 3. Metacarpalknochens als verkleinert und hart durchfühlen. Nach weiteren 8 Tagen war die Stelle nur wenig von der Norm verschieden, schmerzfrei; Patient fing wieder an zu arbeiten. Geheilt geblieben.

Im Uebrigen wurde die Sumatrabenzoë in einer Anzahl von Fungusfällen, die bei den Zimmtsäurefällen aufgeführt sind, injicirt, stets mit gutem Erfolg. — Wenn im Ganzen nur ein geringer Gebrauch von ihr gemacht wurde, so geschah das wegen der in der That grossen Schmerzhaftigkeit der Injectionen.

Da die Sumatrabenzoë sich erst in mehreren Monaten löst, dürfte es sich vielleicht für solche Fälle, welche nach ihrer Entlassung nicht mehr zur Controle kommen können, empfehlen, zum Schluss noch einige Injectionen mit Sumatrabenzoë-Eidotteremulsion zu machen, um so noch für längere Zeit ein Depot antiseptischen Stoffes in loco affecto zu behalten.

Zu intravenöser Injection ist die Sumatrabenzoë weniger geeignet, da sie sehr schwer fein zu verreiben ist und ausserdem in der Lunge sehr heftige Entzündungserscheinungen hervorruft, wie die Beobachtungen an Kaninchen ergaben.

III.

Behandlung tuberculöser Processe mit Zimmtsäure.

Die Zimmtsäure ($C_6H_5 . CH . CN . COOH$) ist im Perubalsam enthalten. Derselbe besteht nach TAPPEINER aus 50—60 % Zimmt-säurebencylester, 10 % Zimmtsäure und 30 % Harz. Sie findet sich ausserdem noch im Storax, im Tolubalsam und in einigen Sorten Benzoëharz. Z. B. enthält die Sumatrabenzoë nicht unbeträchtliche Mengen Zimmtsäure, während die Siambenzoë keine Zimmtsäure hält. Die Zimmtsäure kommt ausserdem in den Stoffwechselpro-ducten gewisser Bacterien (Fäulnissbacterien) vor. Sie ist in kaltem Wasser unlöslich, in heissem Wasser löst sie sich; leicht löslich ist sie in Alcohol und Aether; rein, bildet sie schöne weisse geruch-lose Krystalle.

Das zimmtsaure Natron ist leicht wasserlöslich.

Dargestellt wird sie in verschiedener Weise — am häufigsten aus Storax durch Kochen mit Alcalien und Ausfällen der Zimmtsäure durch Salzsäure.

Die von mir verwandte Zimmtsäure ist aus Storax dargestellt. — Es gibt verschiedene Isomeren der Zimmtsäure. Ob diese verschie-denen Isomeren, ebenso ob die in verschiedener Weise dargestellten Zimmtsäuren auch verschiedenen therapeutischen Werth besitzen, wäre erst noch festzustellen. Nach anderweitigen Erfahrungen ist eine solche Möglichkeit keineswegs ausgeschlossen.

Die Form, in welcher ich die Zimmtsäure zur Anwendung bringe, entspricht im Wesentlichen der des Perubalsams. Für die intra-venöse und parenchymatöse, resp. parossale Injection bediene ich mich einer Emulsion mit Eidotter. Die Herstellung derselben schil-dert Herr H. BLASER, Besitzer der Apotheke zum rothen Kreuz zu Leipzig, in folgender Weise:

Emulsio Acidi cinnamylici.
Acid. cinnamylic. 5,0
Olii Amygdalar. . . . 10,0
Vitelli Ovi ℔ 1
Sol. Natrii chlorat. (0,7 %) q. s.
ut fiat Emulsio 100,0

„Die Darstellung dieser Zimmtsäure-Emulsion bietet keine Schwierig-keiten, wenn das Material hierzu sorgsam ausgewählt und die An-fertigung so ausgeführt wird, dass die Vertheilung eine absolut feine genannt werden kann.

Unter dem Namen Acid. cinnamylicum sind im Handel Zimmt-

säuren zu haben, welche schon nach ihren Aeusseren wesentliche
Verschiedenheiten zeigen und da es nicht zu ermitteln war aus welchen
Materialien die von mir verwendete Zimmtsäure dargestellt wurde,
so dürfte die Angabe der Eigenschaften derselben nicht ohne Nutzen
sein. Sie stellt ein absolut farbloses, grobkrystallinisches Pulver
dar, aus welchem die Krystallform nicht positiv erkenntlich ist, doch
scheint die rhombische Form vorwiegend zu sein. In kaltem Wasser
schwer, dagegen in kochendem Wasser, Spiritus und fettem Oel,
unter Erwärmen leicht und farblos löslich. Aus der heissbereiten
wässerigen und öligen Lösung scheidet sich die Zimmtsäure beim
Erkalten in spitzen Nadeln wieder aus. Eine Zimmtsäure, welche
nicht absolut farblos, in heissem Wasser, Spiritus und Oel unvoll-
kommen, schwer und gefärbt löslich ist, eignet sich nicht zur Verwendung bei dieser Emulsion, da sich dieselbe nach kurzer Zeit aus der
anfänglich gut zu bezeichnenden Emulsion griesförmig wieder aus-
scheidet.

Um eine gute, den Anforderungen entsprechende Emulsion zu
erhalten, wird zunächst die Zimmtsäure mit etwas Oel absolut fein
verrieben, hierauf das fehlende Oel ergänzt und das Eigelb, welches
vorher von dem anhängenden Chalazion befreit ist, zugesetzt. Nach
einiger Mischung beginnt man mit dem tropfenweisen Zusatz der
Kochsalzlösung und fährt so lange fort, bis das Gesammtgewicht
von 100 gr erreicht ist.

Das Eigelb muss möglichst frisch sein und der Zusatz von
Kochsalzlösung so erfolgen, dass die Bildung der griesigen Beschaffenheit vermieden wird."

Im Jahre 1891 wurde ausschliesslich eine aus Storax herge-
stellte Zimmtsäure benutzt.

Nur für die Behandlung des Lupus hat sich eine alkoholische
Lösung mit Cocainzusatz zweckmässiger erwiesen. Die Formel lautet:

Rp. Acidi cinnamylici
        Cocaïni muriatici āā 1,0
        Spir. vin. 20,0
        M. D. S. Zur Injection.

Die Emulsion stellt eine gelbliche Milch dar, die stark sauer
reagirt. Sie soll auch bei mehrtägigem Stehen gleichmässig bleiben;
keine Zimmtsäurekrystalle absetzen, ebensowenig sollen die Emulsionskörnchen von der Kochsalzlösung sich trennen und oben —
als eine Art Sahnenschicht — schwimmen.

Microscopisch sieht man in der sauren Emulsion die Zimmtsäure zum Theil als kleine krystallinische Schollen. Wird die Emul-

sion alcalisch gemacht, wird damit die Zimmtsäure in zimmtsaures Natron übergeführt, so hat man eine überaus feinkörnige gleichmässige Emulsion von einem Kaliber, fast feiner als Milchkügelchen. Die — selbstverständlich nötbige -- Alcalisation geschieht mit 25 % Natronlauge. Kalilauge ist wegen ihrer Wirkung auf das Herz ausgeschlossen. Da die Umwandlung der Zimmtsäure in zimmtsaures Natron langsam erfolgt, ist die Alcalisation in mehreren Absätzen zu machen, denn selbst nach scheinbar völliger alcalischer Reaction der Lösung kehrt die saure Reaction mehrmals wieder.

Alcalisch gemacht ist die Emulsion — wenn sie gut gemacht ist — ohne Weiteres zum Gebrauch fertig. Eine Centrifugirung wie bei der Perubalsamemulsion ist unnöthig. — Es ist immer nur so viel Emulsion alcalisch zu machen, als in den nächsten Stunden gebraucht wird.

Kühl — im Sommer am besten im Eisschrank aufbewahrt, — bält sich die Emulsion 6—8 Tage. Sie ist in einem Gefäss mit Glasstöpsel aufzubewahren, da sich an einem Korkstöpsel wegen der sauren Reaction Schimmelbildung einstellen könnte.

Sterilisiren lässt sich die Emulsion leider nicht. An sich jedoch ist durch die stark saure Reaction eine Bacterienentwicklung in derselben nicht wohl denkbar und habe ich nie eine solche darin beobachtet.

Die Herstellung einer Emulsion direct aus zimmtsaurem Natron hat sich mir nicht bewährt; die Emulsion ist vermuthlich gerade wegen ihrer alcalischen Reaction nicht gleichmässig und nicht haltbar.

Der genauen Darstellung der Methode seien die Krankengeschichten vorausgeschickt.

Behandlung innerer Tuberculosen mit Zimmtsäure.

Es wurde nur die intravenöse Injection in Anwendung gezogen.

144. W., **Emilie**, 26jährige Arbeiterin. Schon seit längerer Zeit Husten; in letzter Zeit rasche, vom Arzt constatirte Abmagerung, Husten, Auswurf, Brustschmerzen.

Stat. von 20. November 1890. Linke Spitze vorn und hinten Dämpfung, nicht absolut; daselbst spärliche Rasselgeräusche, Giemen, Knacken, abgeschwächtes Inspirium. Rechte Spitze vorn und hinten Abschwächung des Schalls. Saccadirtes Athmen ohne wesentliche Geräusche.

Im Uebrigen Lungen ohne nachweisbare Anomalien. Im Sputum werden Bacillen nicht gefunden. Patientin erhält von 21. November 1890 bis 5. Februar 1891 24 Injectionen von 0,3—0,6 ccm. Patientin arbeitet wieder von Anfang Februar; Husten und Brustschmerzen verschwunden.

5. Juni Untersuchung: Beide Spitzen stehen tief, die rechte tiefer als die linke; in beiden Spitzen verkürzter Schall. Keine Spur von Geräuschen. Vorzüglicher Ernährungsstand. 2. October 1891 Untersuchung: Lungenbefund wie 5. Juni. Gewichtszunahme seit November 1890 13 Pfund.

145. V., Carl, 36jähriger Werkführer. Patient ist seit 3 Jahren lungenleidend. In letzter Zeit starke Abmagerung; viel Husten und Auswurf; Appetit gering; hin und wieder Nachtschweisse; mässiger Grad von Kurzathmigkeit, leichte Cyanose.

Stat. vom 25. November 1890. Mager, macht einen sehr kranken und hinfälligen Eindruck.

Lungenbefund: Rechts vorn Dämpfung bis zum 3. Intercostalraum, mit reichlichem feuchtem Rasseln. Athmen stellenweise bronchial. — Rechts hinten Dämpfung bis zur Spina scapulae; Auscultation daselbst ungefähr wie vorn. Linke Spitze vorn bis zur Clavikel relative Dämpfung, links hinten ebenso einige Querfinger breit. Athmen abgeschwächt, Giemen.

Uebrige Lungenpartien — gelegentlich Rasselgeräusche, sonst nichts. Bacillen in grossen Mengen, theils einzeln, theils in verfilzten Rasen. Patient erhält von 25. November 1890 — 14. Februar 1891 26 Injectionen zu durchschnittlich 0,6 — 0,7 ccm (anfangs 0,3 ccm, später 0,8 — 1,0 ccm).

Der Husten, Auswurf und Bacillengehalt hatte sich schon im December stark vermindert und Anfang Januar 1891 konnten nur noch mit Mühe vereinzelte Bacillen im Präparat gefunden werden. Die Dämpfung hatte sich im 3. Intercostalraum aufgehellt, sodass ein Unterschied gegen links hier nicht mehr zu finden war; trockenes Rasseln, war jedoch nur selten zu hören. — Die linke Spitze war ganz frei von Geräuschen. — Subjectives Wohlbefinden. Patient konnte seiner Arbeit ohne Beschwerde vorstehen.

In der 2. Hälfte des Februar hat Patient angeblich eine Influenza, einsetzend mit Schüttelfrost, Gliederschmerzen, Husten etc. durchgemacht; doch trat verhältnissmässig rasch — rascher als bei einer Influenza anfangs 1890 — die Erholung ein.

20. März werden die Injectionen wieder aufgenommen. Bis 12. Mai 1891 8 Injectionen. 12. Mai Untersuchung der Lungen ergiebt rechts vorn oben Dämpfung von mässiger Intensität bis zur 2. Rippe; über der rechten Spitze ist die Dämpfung fast absolut; Rasselgeräusche sind nur ganz vereinzelt zu hören. Rechts hinten Dämpfung nicht ganz bis zur Schultergräte. Links etwas abgeschwächter Schall, ebenso abgeschwächtes Athmen ohne Geräusch. Patient hat um 2 Pfund zugenommen. Rechte Schulter hängt herab.

Im Juni und Juli nochmals 8 Injectionen. 16. September: Patient sicht sehr wohl aus. Rechte Spitze vorn gedämpft und sehr tief stehend, ebenso hinten; ohne Geräusche; Athem abgeschwächt, hauchend. Links in der Spitze der Schall annähernd normal; etwas abgeschwächtes Athmen, ohne Geräusche.

Patient hat um 8 Pfund zugenommen, kann seine Arbeit ohne jede Anstrengung verrichten. Husten und Auswurf verschwunden. Rechte Schulter steht um mehrere cm tiefer.

146. K., Alma, 27jährige Fabrikarbeiterin. Seit ¹/₂ Jahr an Lungenleiden ärztlich behandelt; starke Abmagerung, Schweisse, Husten, Brustschmerzen, durch eine Pleuritis bedingt; völlig arbeitsunfähig. Stat. vom 17. December 1890. Noch leidlicher Ernährungsstand. Lungenbefund: Rechte Spitze vorn relative Dämpfung bis fast zur 2. Rippe, rechts hinten oben schwache Dämpfung; daselbst spärliche Rasselgeräusche, In- und Exspirium abgeschwächt. — Rechts hinten unten Schall und Athmen abgeschwächt. Links vorn bis zur Clavikel, hinten einige Querfinger breit von der Spitze nach abwärts verschwächter Schall. Bei sehr schwachen Athemgeräuschen Giemen und Knacken.

Patient klagt links hinten unten nach der Axillarlinie zu über Schmerzen beim Athemholen, ohne dass daselbst etwas nachzuweisen wäre.

Geringer Bacillengehalt des Auswurfs.

1. Injection 19. December. Patient erhält vom 19. December 1890 bis 20. März 1891 26 Injectionen zu durchschnittlich 0,6 ccm.

Am 10. Februar zeigten sich die Dämpfungen im Wesentlichen i. Gl., aber die Geräusche waren verschwunden, das Athmen in beiden Spitzen abgeschwächt. Das übrige Befinden war ein normales geworden, die Schweisse und Brustschmerzen verschwunden; Appetit gut; der Husten hatte aufgehört. Im Sputum fanden sich schon seit Ende Januar keine Bacillen mehr.

Patient arbeitet seit 28. Februar 1891.

Bei einer Untersuchung am 28. Mai zeigten sich beide Spitzen retrahirt. Vorn und hinten gedämpft, schwaches Athmen ohne Geräusche. — Allgemeinbefinden vorzüglich. Patient hat an Gewicht 15 Pfund zugenommen.

147. Sch., 25jährige Kaufmannsfrau. Aus phthisischer Familie; seit der Kindheit geschwollene Halsdrüsen. Vor 8 Monaten partus. Seit der Verschlechterung des Allgemeinbefindens Auftreten eines quälenden Hustens. Schlechter Schlaf mit gelegentlichen Nachtschweissen. Abmagerung.

Lungenbefund vom 5. Januar 1891. Links vorn oben bis zum Schlüsselbein Dämpfung, Bronchialathmen, Rasseln und· Giemen. Links hinten oben bis 2 Querfinger über der Spina scapulae Dämpfung mit bronchialem Athmen und Rasselgeräuschen.

Rechts vorn oben Dämpfung mit bronchialem Athmen, wenig Rasselgeräuschen, aber trocknem Knacken.

Auswurf spärlich, Bacillen in mässiger Menge enthaltend.

Patient hat vom 5. Januar — 22. Juli 1891 im Ganzen 46 Injectionen erhalten, von 0,2 0,5 ccm.

Das subjective Befinden besserte sich rasch, der Husten nahm ab und Ende Februar hatte Patient um 1 Pfund zugenommen. Die Geräusche auf den Lungen verschwanden jedoch sehr langsam; Anfang März war Rasseln meist nicht mehr zu hören, aber das Athmen in beiden Spitzen rauh, von Giemen begleitet.

Um diese Zeit starb das Kind der Patientin an tuberculöser Meningitis.

Mitte Juni wurde bei gutem Allgemeinbefinden, fast verschwundenem Husten, bacillenfreiem Auswurf eine Gewichtszunahme von 6 Pfund festgestellt.

14. Juli Lungenuntersuchung ergiebt tiefen Stand beider Lungenspitzen bei relativer Dämpfung, abgeschwächtem Athmen ohne jede Spur von Geräuschen. Gewichtszunahme 8 Pfund.

20. September Lungenbefund i. Gl., Gewichtszunahme seit Beginn der Behandlung im Ganzen 10 Pfund.

Die Drüsen am Halse sind etwas kleiner und härter geworden, aber nicht verschwunden.

148. E., 32 jähriger Buchhalter. Die Mutter starb an Schwindsucht, der Vater leidet seit vielen Jahren an Husten. Lungenleidend seit 1878; schon Anfang der 80er Jahre eine Veränderung der rechten Lungenspitze festgestellt; Anfang 1890 heftige, mehrfach wiederholte Lungenblutungen, November 1890 Husten und Auswurf sehr heftig; erneute Lungenblutungen; im Laufe des Jahres 1890 zunehmende Abmagerung bei vermindertem Appetit, Nachtschweissen, schlechtem Schlaf u. s. w.

Lungenbefund vom 3. Januar 1891 : rechts vorn bis zum 3. Intercostalraum Dämpfung; vom 1. Intercostalraum bis zur Spitze ist die Dämpfung fast absolut, daselbst lautes bronchiales Athmen mit reichlichem, feuchtem, grossblasigem Rasseln, links hinten geht die Dämpfung bis zur Spina scapulae; auch hier in den obern Theilen der Dämpfung Bronchialathmen mit ebensolchen Rasselgeräuschen. In der Peripherie der Dämpfung Inspirium stark verschwächt. Exspirium bronchial. Auf der rechten Lunge im Uebrigen vorn und hinten diffuse Rasselgeräusche mit Giemen.

Links vorn bis zur Clavicula, hinten bis 2 Finger über der Spina scapulae relative Dämpfung; daselbst reichliches Rasseln, und hauchendes abgeschwächtes Athmen. Auch links in den Unterlappen Rasselgeräusche.

Ueberaus zahlreiche Bacillen im Auswurf. Cyanose des Gesichts und der Hände.

Patient erhielt vom 5. Januar — 31. Juli 1891 im Ganzen 40 Injectionen, Anfangs 0,3 — 0,4 ccm, später bis 0,8 ccm.

Die ersten 3 Wochen fühlte sich Patient ziemlich angegriffen; dann trat ziemlich plötzlich subjectives Wohlbefinden mit vorzüglichem Appetit, Nachlass der Schweisse, des Auswurfs ein; nur die Kurzathmigkeit besserte sich nicht.

Schon Mitte Februar konnte eine Verkleinerung der Dämpfungen um ca. 1 Querfinger festgestellt werden, bei Abnahme der Rasselgeräusche.

Von Anfang April ab wurde nur noch wöchentlich ein Mal eingespritzt.

31. Juli letzte Einspritzung. Patient reiste für 6 Wochen auf's Land, gute Erholung.

Stat. vom 8. October 1891. — Patient fühlt sich wohl und kräftig, glaubt an Gewicht noch zugenommen zu haben (leider keine genauen Wiegungen). Nur noch bei stärkeren Anstrengungen geringe Kurzathmigkeit. — Unter der rechten Clavicula ein Fünfmarkstückgrosser Bezirk relativer Dämpfung, sonst nirgends Dämpfung; beide Lungenspitzen stehen tief; Athemgeräusche über beiden Oberlappen etwas abgeschwächt, keine Geräusche. Rechts hinten oben Inspirium saccadirt.

16. November status idem.

149. R., Heinrich, 25jähriger Arbeiter. Drüsenleidend seit seiner Kindheit, lungenleidend seit ca. 1 Jahr.

1. Behandlung. Beginn 23. Juni 1890. — Viel Husten und mässig bacillenhaltiger Auswurf, Abmagerung, Schweisse, Dämpfung rechts vorn bis zur 2. Rippe, daselbst reichliches Rasseln und abgeschwächtes Athmen; hinten rechts ebenso 2 Finger über Scapula.

Links nichts nachzuweisen.

Behandlung mit Perubalsam. Bis 23. Juli 1890 14 Injectionen zu durchschnittlich 0,5 ccm.

23. Juli 1890 will Patient wieder in Arbeit treten. Stat.: Rechts bis zum 2. Intercostalraum relative Dämpfung, ebenso hinten über der Lungenspitze; kein Rasseln, abgeschwächtes Athmen; rechte Schulter steht tiefer.

Patient hat gearbeitet bis 26. November, kommt wieder mit einem Recidiv in der linken Spitze.

Stat. vom 26. November 1890. Vorn rechts bis zum 2. Intercostalraum relative Dämpfung, ebenso hinten rechts bis fingerbreit über der Spina scapulae; daselbst abgeschwächtes Athmen ohne Rasseln.

Links vorn Dämpfung bis zum Schlüsselbein, hinten bis 2 Querfinger über der Schultergräte. Daselbst Athmen hauchend, fast bronchial; reichliches fast metallisch klingendes Rasseln.

Sehr viel Husten und Auswurf mit beträchtlichem Bacillengehalt. — Schweisse; Abmagerung.

Patient erhält vom 26. November 1890 — 14. Februar 1891 26 Injectionen von Zimmtsäureemulsion zu durchschnittlich 1,0 ccm.

Nach ca. 4 Wochen lassen Husten und Auswurf nach; der Appetit wird gut, die Schweisse verschwinden. Elende äussere Verhältnisse, Patient hat kaum ein warmes Zimmer.

14. Februar 1871 geht Patient, da er arbeitslos ist und seine Krankenunterstützung vermindert ist, er sich auch nicht zur Arbeit fähig fühlt, in's Krankenhaus.

Stat. von 14. Februar 1891. Dämpfung rechts i. ˉGl., verschwächtes Athmen ohne Rasseln.

In der linken Spitze hat sich die Dämpfung vielleicht etwas aufgehellt; Rasseln sehr vermindert, aber noch vorhanden. —

Allgemeinbefinden wesentlich gebessert, Husten und Auswurf vermindert. Bacillengehalt schwankend, bald in geringer Menge vorhanden, bald keine.

Eine Anzahl tuberculöser Lymphdrüsen, am rechten Unterkieferwinkel und Sternocleidomastoideus vielleicht etwas härter und kleiner; aber nicht wesentlich beeinflusst.

150. N., 26jährige Kellnersfrau. Hereditär nicht belastet, 7 rasch folgende Geburten. Im Anschluss an die vorletzte Geburt vor 3 Jahren entwickelte sich Husten mit Auswurf. Nach der letzten Geburt (Frühgeburt wegen placenta praevia) sehr rascher Verfall, sehr häufiger mit Blut vermischter Auswurf, schliesslich eine erhebliche Lungenblutung; dabei

Schweisse etc. Der behandelnde Arzt, welcher sie mehrmals untersuchte, theilt mit, dass die Dämpfung links oben erst im Laufe der letzten 6 Wochen sich entwickelt, dass ebenso die Rasselgeräusche im Laufe der letzten Zeit zweifellos rasch zugenommen haben.

Status vom 28. Februar 1891. Lungenbefund: Rechts vorn oben eine stark ausgesprochene Dämpfung, bronchiales verlängertes Exspirium, schwach hauchendes Inspirium; zahlreiche feuchte Rasselgeräusche, die man schon, ohne das Ohr aufzulegen, von ferne hört. Hinten die Dämpfung bis ein Querfinger über der Spina scapulae, Auscultation dort, so ziemlich wie vorn.

Links vorn Dämpfung bis zur Clavicula fast absolut, hinten bis zur Spina scapulae, daselbst Bronchialathmen und reichliches fast klingendes Rasseln.

Ueber den übrigen Lungenpartien rechts wie links diffuse Rasselgeräusche bei schwachen Athemgeräuschen und wenig intensivem Percussionsschall.

Sputum — Bacillenreincultur.

Allgemeinbefinden, wie geschildert — mässige Abmagerunge, Anämie, Kurzathmigkeit, Schweisse, erhöhte Abendtemperaturen. Appetit leidlich. Schlaf schlecht, durch Hustenparoxysmen unterbrochen. Menstruation unregelmässig.

Es lag hier anscheinend eine jener rasch ablaufenden Phthisen vor, mit diffuser tuberculöser Infiltration der Lungen, wie sie nicht so selten bei schwachen oder erschöpften jüngeren Frauen im Anschluss an Entbindungen eintreten. (Vgl. 133.) Diese Ansicht wurde auch bei einer klinischen Vorstellung der Kranken vor einem geladenen Kreise von Aerzten geäussert.

Patient erhielt vom 5. März bis 31. Juli im Ganzen 33 Injectionen Anfangs 0,2—0,3 ccm, schliesslich 0,5—0,6 ccm.

Die Besserung war eine sehr langsame; die ersten 6 Wochen änderte sich der Zustand so gut, wie gar nicht. Dann verschwanden die Schweisse, Schlaf und Appetit wurden gut; Husten, Auswurf nahmen nur sehr langsam ab; die Kurzathmigkeit blieb im Gleichen.

Der Lungenbefund blieb percutorisch so ziemlich unverändert; auscultatorisch war das Bronchialathmen weniger ausgesprochen, ebenso traten die Rasselgeräusche zurück, um einem rauhen Giemen und Schnurren Platz zu machen. Auch die fernhin hörbaren Rhonchi waren erst Ende Mai verschwunden.

Von Ende Juli bis 23. September wurde pausirt.

Bei der Vorstellung 23. September zeigte sich zunächst, dass Patientin wieder schwanger geworden war, ca. 10. Woche, im Gegensatz zu früher ohne Schwangerschaftsbeschwerden.

Lungenbefund vom 23. September 1891. Dämpfungen fast wie zu Anfang, vielleicht etwas kleiner; auscultatorisch an denselben allerdings nur abgeschwächtes Athmen ohne Geräusche als hin und wieder etwas Schnurren zu hören. Auf der übrigen Lunge hier und dort ein seltener Rhonchus.

Patientin giebt an, dass sie wieder ziemlich viel huste; Appetit, Schlaf sei gut, keine Schweisse.

26. September wird wieder mit den Injectionen begonnen. Der Husten bessert sich in wenigen Tagen. Nach 6 Injectionen wünscht Patientin wegen ihrer Gravididät die Einspritzungen vorerst auszusetzen. Die Prognose dieses Falls ist natürlich eine durchaus unsichere. Eine unerwünschte Complication ist die erneute Schwangerschaft. Ende Januar 1892 theilt Patientin mit, dass sie sich, abgesehen von ihrer vorgeschrittenen Schwangerschaft, subjectiv sehr wohl fühle.

151. G., Frau, 38 J. alt. Mutter an Tuberculose gestorben, voriges Jahr angeblich eine Rippenfellentzündung, seither Brustschmerzen in der linken Seite. Husten und Auswurf mässig, Schweisse hin und wieder, Appetit gering, Abmagerung, schlechter Schlaf.

Status vom 2. Februar 1891. Lungen: Beide Spitzen vorn und hinten sehr geringe Intensität des Schalles, daselbst trockene Geräusche, Giemen und Knacken, abgeschwächtes Athmen, verlängertes Exspirium. — Unter der linken Clavikel ein kleiner, deutlich gedämpfter Bezirk, daselbst feuchtes Rasseln. — Ueber den übrigen Lungenpartien diffuse Rhonchi. Ziemlich reichlicher Bacillengehalt des Auswurfs.

Patientin erhält vom 2. Februar bis 30. Juni im Ganzen 30 Injectionen, zu 0,3—0,7 ccm.

Nach einer 2 wöchentlichen Zeit im Anfang, wo Patientin sich von den Einspritzungen angegriffen fühlte, trat ziemlich rasch ein sehr ausgesprochenes subjectives Gefühl der Genesung ein, Husten und Auswurf waren sehr bald verschwunden; Appetit und Schlaf gut; die Brustschmerzen im Verschwinden.

Schon 21. März war auscultatorisch auf den Lungen so gut wie nichts mehr festzustellen, Tiefstand beider Spitzen, der linken mehr als der rechten; von der Dämpfung unter der linken Clavikel kaum mehr etwas nachzuweisen. Keine Bacillen im Auswurf.

27. Juli wurde links hinten oben das Athmen noch etwas rauh gefunden; Percussion i. Gl.

21. September. Rechte und linke Spitze stehen tief, nur 1 1/2 resp. 1 Querfinger über dem Schlüsselbein; Schall daselbst relativ gedämpft; Athmen schwach. Im Uebrigen auf den Lungen nichts Abnormes nachzuweisen.

Patientin sieht sehr gut aus, kein Husten und Auswurf, keine Brustschmerzen. Patientin fühlt sich sehr wohl. Körpergewicht + 10 Pfd. gegen Februar 1891.

152. O. S. Dr. med., früher stets gesund, etwas mager, doch sehr muskelkräftig.

Am 30. December 1890 inficirte sich Patient gelegentlich der Sondirung einer tuberculösen Ostitis des Orbitaldachs, an der linken Seite des Sept. narium, wahrscheinlich durch directe Berührung oder Kratzen mit dem inficirten Finger. Es entstand in den nächsten Tagen eine furunculöse Entzündung am Septum narium. Einige Zeit später wurde eine nur wenig schmerzhafte Schwellung der Lymphdrüsen hinter dem linken Unterkieferwinkel bemerkt. In den folgenden Wochen schwollen auch die Drüsen hinter und unter dem M. sternocleidomastoideus. Zu gleicher Zeit verschlechterte sich das Allgemeinbefinden zusehends; die Abendtemperaturen stiegen bis 38,5 und mehr, es stellten sich nächt-

liche Schweisse ein und der Schlaf wurde unregelmässig. Hin und wieder
Hüsteln. Fahles Aussehen. Abmagerung.

Am 11. März 1891 sah ich den Kranken zum ersten Mal. Auffallend war das verfallene Aussehen — gegen früher — und die Abmagerung. Am Septum narium links eine kleine geröthete Narbe. Hinter
dem linken Unterkieferwinkel, unterhalb des emporgehobenen M. stero-
cleidomastoideus bis zur Mitte dieses Muskels herabreichend ein fast
gänseeigrosses Lympdrüsenpacket, eben noch verschieblich, an einer Stelle
undeutlich fluctuirend; Haut darüber noch etwas verschieblich, nicht ge-
röthet. — Auf den Lungen — mit Ausnahme eines handtellergrossen
Bezirks, unterhalb der rechten Clavicula, wo das Athmen stark abgeschwächt und hin und wieder Knistern zu hören war — nichts mit Sicherheit nachweisbar. Auffallend war die für einen kräftigen Mann ungewöhnlich geringe Intensität der Athemgeräusche selbst bei tiefem
Athemholen.

In dem Gedanken, dass eine atypisch verlaufende luetische Infection
nicht mit Sicherheit auszuschliessen sei, verordnete ich Jodkali 1,5 p. d.
-- Irgend welcher Erfolg trat nicht ein; im Gegentheil die Temperaturen
gingen langsam weiter in die Höhe — Morgentemperaturen um 38 °,
Abends 39 °, der Puls ca. 90.

Da die Temperatursteigerung doch vielleicht durch das central er-
weichte Drüsenpacket bedingt sein konnte, beschloss ich die Exstirpation
desselben, die am 21. März 1891 vorgenommen wurde. Leicht nach
abwärts gebogener Schnitt vom Unterkieferwinkel nach dem vordern Rand
des St. Cl. M., bis zur Höhe seiner Mitte. Quere Durchtrennung des
Muskels, der bereits entzündlich infiltrirt war. Nachdem die beiden
Stücke des Muskels auseinandergeschlagen waren, zeigte sich ein läng-
lich ovales, fast gänseeigrosses Drüsenpacket, mit noch gut erhaltener
Kapsel, nach oben hinaufreichend bis über den Proc. styloïdeus, unmittelbar auf den grossen Halsgefässen aufruhend. Es gelang, unter ganz
geringer Blutung, den Tumor vorwiegend stumpf herauszuheben. Nach
Entfernung desselben zeigte sich noch eine kleinwallnussgrosse Drüse
zwischen Carotis und V. jugularis, welche beim Anfassen mit der Pincette sofort zerbrach. Es blieb nichts übrig, als dieselbe auszulöffeln
und die Kapsel, soweit möglich, mit Schere und Pincette zu exstirpiren.
Weil bei dieser Gelegenheit etwas von dem erweichten Drüseninhalt in
die Wunde gelangt war, wurde von dem sonst üblichen totalen Verschluss derselben abgesehen und 2 Drainröhrchen eingelegt. Der St.-Cl.-M.
wurde mit einigen Seidennähten vernäht, so dass die Fasern des durch-
schnittenen Plexus cervicalis coaptirt waren.

Reaction auf die Operation = Null.

Die Temperatur war am Abend der Operation etwas niedriger, am
folgenden Tag wieder genau so hoch wie früher. (S. die Curve.) Irgend
welche Entzündung an der Wunde zeigte sich nicht, am 6. Tag beim Verbandwechsel und Wechsel der Drains waren dieselben leer. Nach ca. 14 Tagen
verwandelten sich die Draincanäle in regelrechte fungöse Fisteln, welche
von nun ab mit Perubalsamäther ausgespritzt wurden. Auch an andern
Stellen brach die Narbe wieder auf, entleerte einige Ligaturfäden und
wurde fungös. Unter fortwährender Behandlung mit Perubalsam und

unter Mitwirkung der mittlerweile begonnenen intra-
venösen Injectionen mit Zimmtsäure zogen sich die
Fisteln allmählich ein und vernarbten in ca. 7—8
Wochen p. o. völlig und dauernd.

Eine noch zurückbleibende Infiltration schwand
zusehends.

Das Allgemeinbefinden war nach der Operation
eher schlechter geworden, da sich zu dem Uebrigen
noch eine beträchtliche Apathie gesellte.

Im Sputum wurden Bacillen, allerdings nur in
ganz geringer Menge gefunden. Die grosse exstirpirte Drüse zeigte mehrere centrale Erweichungsherde,
welche grünlich-gelbe eitrige Massen enthielten. Auch
in der Drüse wurden Bacillen nachgewiesen, in verhältnissmässig geringer Menge.

Am 30. März wurde die erste intravenöse Zimmtsäureinjection von 0,4 vorgenommen. Dieselbe wurde
gut ertragen. Am 4. April begann die regelmässige
Zimmtsäurebehandlung. Patient war mittlerweile den
30. März aus meiner Klinik entlassen.

Der weitere Verlauf wird am besten durch die
beigegebene Curve deutlich gemacht.

Man sieht das langsame Abfallen der Temperatur; an den Tagen der Injection ist die Temperatur
durchschnittlich 0,3—0,4 ⁰ höher, als an den Tagen,
wo nicht injicirt wird. Einen etwas rascheren Abfall
der Curve bemerkt man nach einer zu grossen Dose
(1,0 am 7. April). An diese schloss sich unmittelbar eine wenige Minuten dauernde Oppression an,
welche mit Röthung des Kopfes, Athemnoth einher-
ging, aber nach Kurzem völligem Wohlbefinden Platz
machte (s. pag. 66.)

Im Lauf der ersten 14 Tage war eine wesentliche Besserung des Befindens nicht ersichtlich. Dann
fing — mit dem Absinken der Temperatur und des
Pulses — zunächst ein subjectives Besserungsgefühl,
ein Gefühl wiederkehrender Kraft sich einzustellen.
Der Appetit wurde besser, die Schweisse liessen
nach, der Schlaf wurde besser.

Ohne irgendwelche auffallenden Erscheinungen
ging die Besserung stetig vorwärts, bis die Injectionen
seltener gemacht und schliesslich am 4. Juni ganz
ausgesetzt wurden.

Das Aussehen des Patienten war ein ganz
anderes geworden; er sah frischer aus als lange
vorher, hatte an Gewicht erheblich zugenommen,
die alte Muskelkraft war wiedergekehrt, die Temperatur — von einer 2 tägigen Angina mit 38,7 ⁰ abgesehen — blieb normal.

Patient verbrachte den Juli und August im Thüringer Wald und erholte sich hier sehr gut.

Patient hat im Ganzen 52 Injectionen erhalten, von einer 5 %igen Emulsion, zusammen etwa 1,75 gr reine Zimmtsäure.

Bei einer Untersuchung am 2. October 1891 hatte das Körpergewicht weiter zugenommen (155 Pfund gegen 142 Pfund Ende Juni und ca. 20—25 gegen die Zeit unmittelbar vor der Operation); das Aussehen war ein sehr gutes geworden. — Die Operationsnarbe, derb und eingezogen, war gegen den noch etwas verdickten Sternocleidomastoideus verschieblich, wenn auch noch nicht ganz frei. Von der Operationsnarbe längs dem hintern Rand des Muskels eine Kette von 6—8 kirschgrossen, harten, nicht zusammenhängenden und leicht verschieblichen indolenten Drüsen. Auf den Lungen vielleicht eine, kaum mit Sicherheit nachweisbare Schalldifferenz unter der rechten Clavikel von der Grösse eines 5 Markstücks, ohne auscultatorische Veränderungen. Sonst auf der Lunge weder durch Percussion, noch durch Auscultation eine Abnormität zu finden. Appetit, Schlaf etc. normal. Patient nimmt seinen Beruf wieder auf. Bis jetzt gesund geblieben.

Ich möchte den Verlauf dieses Falles weder über- noch unterschätzen. Das Vorhandensein von Drüsenschwellungen wird uns auch für die Zukunft eine sorgfältige Weiterbeobachtung, ev. erneute Behandlung zur Pflicht machen. Andererseits dürfte ein so schwerer Fall bisher nur in den seltensten Fällen zu einem günstigen Ende gelangt sein.

Die Prognose war jedenfalls von allen Aerzten — auch von mir selbst sehr ungünstig gestellt worden. Ich will allerdings nicht leugnen, dass unter 100 ähnlichen Fällen vielleicht einer einmal sich auf kürzere oder längere Zeit — ohne jede Kunsthilfe — wieder erholt. — Ein Blick auf die Curve, der gleichmässige Ablauf der Besserung parallel den Injectionen lässt es kaum abweisen, dass in der That die Behandlung die Ursache der Besserung ist und wir es nicht mit einem zufälligen Zusammentreffen zu thun haben.

153. Z., Fr. Aug., 42jähriger Schutzmann. Patient ist angeblich seit 6 Jahren krank; sein Leiden begann mit einer langwierigen rechtseitigen Pleuritis, die sich an eine Lungenentzündung anschloss. In letzter Zeit Verschlimmerung, mehr Husten und Auswurf, starke Kurzathmigkeit, Kräfteverfall.

20. April Lungenbefund: rechts relative Dämpfung bis zum oberen Rand der 3. Rippe, beide Spitzen stehen sehr tief. Daselbst bronchiales Athmen, mässig reichliches Rasseln. Rechte Spitze: vorn und hinten Athmen abgeschwächt, mit bronchialem Beiklang. — Linke Spitze: vorn und hinten gedämpft, hinten Athmen bronchial, Rasselgeräusche. Rechts hinten diffuses weitverbreitetes Rasseln bis zur Axillarlinie nach vorn, Sputum sehr reichliche Bacillen. — Erhält bis zum 6. Juni 19 Injectionen zu durchschnittlich 0,5 ccm, wo folgender Status seitens einer Anzahl geladener Aerzte festgestellt wird.

Vorn rechts über der Clavikel und im 1. Intercostalraum Dämpfung mässiger Intensität, daselbst scharfes etwas schnurrendes Inspirium, am Ende knisternde ferne Geräusche. Hinten rechts bis zur Höhe des 2. Proc spinosus relative Dämpfung. Links vorn überall scharfes Inspirium, links hinten sehr scharfes, vesiculäres Inspirium, Exspirium hauchend. Rechts hinten unten sehr reichliches feines inspiratorisches Rasseln, spärliches exspiratorisches. Lungenränder rechts über der Leber verwachsen.

Am 26. Juni wird constatirt — Dämpfung rechts vorn bis zur 2. Rippe relativ; vorne Athmung abgeschwächt, ohne Rasseln. Rechts hinten oben spärliches Rasseln. Rechts hinten unten ein handtellergrosser Bezirk, wo reichliches Rasseln. Linke Spitze vorn und hinten gedämpft, Athmen schwach, aber ohne Rasseln. — Die Schweisse sind verschwunden, Appetit und Schlaf gut; Husten und Auswurf sehr vermindert. Kurzathmigkeit so ziemlich unverändert.

Gegen ärztlichen Rath nimmt Z. seinen Dienst wieder auf. — Von 6. Juni — 29. Juli erhält Patient 24 Einspritzungen. 29. Juli ist notirt: Percussion in eodem. In beiden Spitzen verschwächtes Athmen ohne Spur von Rasseln oder Giemen. Rechts hinten unten ein Bezirk, wo andauernd Rasselgeräusche zu hören sind. Wenig Husten und Auswurf; sehr gutes Aussehen, jedoch bei jeder wesentlichen Anstrengung, namentlich Treppensteigen Kurzathmigkeit. Patient muss — äusserer Verhältnisse wegen — die Behandlung abbrechen. Befindet sich — Mitte Nov. — nach Mittheilung durchaus wohl, von mässiger Kurzathmigkeit abgesehen. Januar 1892 Perc. und Ausc. genau, wie Ende Juli. Erneuter Beginn der Einspritzungen.

154. F., Buchbinder, 42 Jahr. Seit 8—9 Jahren krank, häufige z. Th. beträchtliche Hämoptysen; ist oft monatelang bettlägerig gewesen, Winter 1890 bis Frühjahr 1891 über 6 Monate lang krank und arbeitsunfähig.

In hohem Grade abgemagert und anämisch; Cyanose des Gesichts, besonders der Nase und der Hände; sehr kurzathmig. Fast gänzlich appetitlos. Viel Husten und Auswurf. Schlaf durch Schweisse und Husten sehr schlecht geworden.

Lungenbefund: Starkes Nachschleppen der rechten Seite. Vorne rechts von der Spitze bis zum untern Rand der 3. Rippe Dämpfung, die von oben bis zum 2. Intercostalraum fast absolut ist. Hinten rechts geht die Dämpfung bis 3 Querfinger unter die Spina scapulae. — Ausc.: Rechts vorn in der Gegend des 3. Intercostalraums abgeschwächt, in der Gegend der 1. Rippe deutliches Bronchialathmen; zahlreiche z. Th. klingende Rasselgeräusche. Rechts hinten über der Dämpfung abgeschwächtes Athmen mit Rasselgeräuschen. — Auch über der übrigen rechten Lunge Rasselgeräusche. Links schlechter Schall, ohne dass eine circumscripte Dämpfung nachzuweisen wäre. Schwaches Athemgeräusch. Zerstreute Rasselgeräusche. — Mässiger Bacillengehalt des fast rein eitrigen Sputums.

Patient hat vom 27. Mai — 24. September im Ganzen 40 intravenöse Injectionen erhalten, anfangs 0,2, dann 0,3, zuletzt 0,4—0,5 ccm.

Husten und Auswurf haben wesentlich nachgelassen; der Appetit und Schlaf sind gut geworden; die Schweisse verschwunden; die Cyanose gleichfalls; doch sieht Patient, der in überaus kümmerlichen Verhältnissen

lebt, noch sehr blass aus. Patient hat die ganze Zeit arbeiten können. —
4. Juli hatte er eine geringe Hämoptyse, welche ihn jedoch nach seiner
Angabe viel weniger angriff, als die früheren, so dass er nur 2 Tage zu
Hause blieb.

Lungenbefund von 29. September: Vorn rechts bis zum untern Rand
der 2. Rippe starke Dämpfung; hinten nicht völlige Dämpfung bis fingerbreit unter der Spina scapulae. Inspirium abgeschwächt, Exspirium
bronchial; nur ganz spärliche Rasselgeräusche. — Links vorn und hinten
über der Spitze schwacher Schall; Athmen abgeschwächt; sehr selten
ein trockenes Rasselgeräusch. Patient wird in die Genesungscolonie
der Leipziger Ortskrankenkasse geschickt, hat jedoch statt dessen weiter
gearbeitet bis December, wo er arbeitsunfähig wird. 15. December Perc.
i. Gl., reichlichere Rasselgeräusche. Grosse Mattigkeit. Patient versteht
sich endlich dazu, auf's Land zu gehen.

155. J., Alwin, 28 Jahr alt. Patient leidet an Husten, Auswurf
und Schweissen seit 1 1/2 Jahren. Er will gegen 1889 um 15 Pfund abgenommen haben. Eltern und sämmtliche Geschwister sollen an Tuberculose gestorben sein. In letzter Zeit auch Kurzathmigkeit, namentlich
beim Treppensteigen.

24. Juni 1891. Musculöser, aber allerdings ziemlich fettarmer Mensch.
Leichtes Nachschleppen der rechten Brusthälfte. Rechts vorn und hinten
vereinzelte Rasselgeräusche. Links hinten oben saccadirtes Athmen,
Giemen. Eine wirkliche Dämpfung ist nirgends nachzuweisen, doch ist
der Schall namentlich rechts vorn im Verhältniss zu dem guten Bau des
Brustkorbs von geringer Intensität. — Geringe Mengen von Bacillen in
dem schleimig eitrigen Auswurf. — Erhält vom 24. Juni — 9. September
20 Injectionen von 0,3—0,5 ccm.

15. November. Auf den Lungen nichts mehr zu hören. Schweisse,
Auswurf und Husten sollen nach Angabe des Patienten völlig verschwunden
sein. Patient fühlt sich wohl und kräftig. Will an Gewicht wieder zugenommen haben. Arbeitet seitdem wieder.

156. J., Frau, 38 Jahre alt. Schon seit 4 Jahren lungenleidend.
Stat. praes. vom 24. April 1890, hochgradige Abmagerung und Anämie; sehr starke Kurzathmigkeit, sodass Patientin schon beim langsamen
Gehen auf ebener Erde kurzathmig wird, Nachtschweisse, sehr viel Husten
und Auswurf, dadurch auch schlechter Schlaf. Appetit mässig.

Vorn rechts bis zum untern Rand der 2. Rippe Dämpfung, vom
1. Intercostalraum bis zur Spitze absolute Dämpfung, daselbst lautes
Bronchialathmen, mit mässig reichlichen klingenden, mittelblasigen Rasselgeräuschen, Schallwechsel (Caverne).

Rechts hinten oben bis unterhalb der Spina scapulae Dämpfung,
mit ungefähr demselben auscultatorischen Befund. Linke Spitze vorn annähernd normaler Schall. Links hinten oben Knacken.

Die übrigen Lungenpartien zeigen geringe Intensität des Percussions-
schalls, schwache Athemgeräusche und gelegentliche Rasselgeräusche. —
Sputum eitrig, nahezu eine Bacillenreincultur darbietend.

Patientin fühlte sich so elend, dass, da eine Behandlung bei ihr zu
Hause nicht möglich war, vom 24. April — 30. Mai nur 6 Injectionen zu
0,1—0,2 ccm gemacht werden konnten. Vom 30. Mai — 19. Juni bett-

lägerig, keine Injectionen. Vom 19. Juni — bis 24. Juli 10 Injectionen
zu 0,2—0,4 ccm. — Patientin fängt an sich wohler und kräftiger zu
fühlen; Husten und Auswurf nehmen ab; die Schweisse verschwinden;
Appetit und Schlaf werden gut. Vom 28. Juli — 25. August Aufenthalt auf dem Lande, von wo sie
sehr gekräftigt und relativ wohl aussehend zurückkehrt. Von 1. Sep-
tember an wöchentlich 2 Injectionen zu 0,3—0,4. Patientin ist von
den Injectionen in keiner Weise angegriffen. — Langsame weitere Erholung.

Lungenbefund vom 3. October 1891: Rechts vorn bis zum 1. Intercostalraum Dämpfung, daselbst bronchiales Athmen mit wenig Rasselgeräuschen. Hinten bis zur Spina scapulae Dämpfung mit Bronchialathmen
und spärlichen zähen Rasselgeräuschen.

Links hinten oben Schall relativ gedämpft, ohne Rasselgeräusche.

Uebrige Lungenpartien ohne Rasselgeräusche. — Unter Fortsetzung
der Injectionen bis Ende 1891 weitere Erholung.

157. G., Richard, 26 jähriger Buchhändler. Stets schwächlich,
seit 2 1/2 Jahren lungenleidend; Hauptklagen: Husten, Auswurf, schlechter
Schlaf, schlechter Appetit, hin und wieder Nachtschweisse, Abmagerung,
allgemeine Kraftlosigkeit, mässige Kurzathmigkeit.

Lungenbefund vom 27. Juni 1891: Rechts vorn bis zur 2. Rippe
relative Dämpfung; daselbst Rasseln und abgeschwächtes Athmen. Rechts
hinten oben bis zur Spina scapulae relative Dämpfung; Rasseln.

Links vorn über der Clavikel verschwächtes Athmen, Knacken, hin
und wieder Rasselgeräusche. Schall nicht intensiv, aber auch nicht wirklich gedämpft.

Links hinten oben über der Spitze relative Dämpfung. Giemen. —
Uebrige Lungenpartien frei. — Mässige Mengen von Bacillen im Auswurf.

Patient erhält bis 17. Juli 9 Injectionen zu 0,3—0,5 ccm. Die
Dämpfung ist im Gleichen; das Rasseln ist völlig verschwunden, dagegen
ist links hinten oben und rechts hinten oben Knacken in geringem Maasse
bei tiefer Athmung.

Bis 19. August erhält er noch weitere 12 Injectionen. Vom 20. August
bis 24. September Landaufenthalt.

Am 24. September rechts vorn oben bis fingerbreit unter der Clavikel geringe relative Dämpfung; über der rechten und linken Lungenspitze hinten relative Dämpfung, eben nachweisbar, Tiefstand beider
Lungenspitzen. Nirgends Knacken, Giemen, oder Rasselgeräusche selbst
bei tiefem Athmen. Athemgeräusche über beiden Lungenspitzen schwach.
Rechte Lungenspitze steht etwas tiefer.

Gewichtszunahme ist nicht eingetreten. Appetit besser. Schlaf
immer noch unruhig. Schweisse schon seit Wochen verschwunden. Husten
sehr vermindert, desgl. Auswurf, der aber nicht ganz verschwunden ist. —
Untersuchung desselben auf Bacillen wegen Abreise versäumt.

Neueren brieflichen Nachrichten zufolge befindet sich Patient andauernd wohl und arbeitet wieder.

158. Sch., 25 jähriges Fräulein. Erblich nicht belastet. Seit
2 Jahren lungenleidend; das Allgemeinbefinden hatte sich im Ganzen
leidlich gut gehalten; wohl war viel Husten und Auswurf vorhanden, aber

der Appetit gut, Schlaf genügend, nur selten Schweisse. Ziemliche Kurzathmigkeit.

Lungenbefund von 10. Juni 1891. Links vorn Dämpfung bis zur 3. Rippe.
Links hinten bis zur Spina scapulae tympanitischer Beiklang, lautes Bron-
chialathmen, klingende Rasselgeräusche, Geräusch des gesprungenen
Topfes, Schallwechsel u. s. w., kurzum alle Zeichen einer den linken
Oberlappen einnehmenden Caverne. Rechte Spitze vorn und hinten re-
lative Dämpfung, abgeschwächtes Athmen Rasselgeräusche.

Ueber den übrigen Partien beider Lungen feuchte Rasselgeräusche.
Sehr reichlicher Bacillengehalt des Sputums.

Patientin erhielt vom 12. Juni bis 3. Juli 7 Injectionen. Anfangs
0,4 ccm, später, da Patientin angab, von den Injectionen nicht im Geringsten angegriffen zu sein und auf grössere Dosen drängte, 0,6—0,8 ccm.
Vom 7. bis 18. Juli fühlte sich Patientin nicht wohl, der Husten war
verstärkt und quälend, der Auswurf vermindert, Brustschmerzen; Abendtemperatur 38,5 bis 39 °. Appetit schlecht.

Am 18. Juli bei einer Untersuchung der Lungen zeigten sich
die Dämpfungen im Gleichen, aber die Rasselgeräusche, namentlich über
der grossen Caverne links, ganz auffallend vermindert, und eigentlich
nur ein trockenes Giemen zu hören. Auch auf den übrigen Lungenpartien war das Rasseln vermindert. Körpergewicht — 3 Pfd.
Am 21., 24., 29. Juli wurden nun 3 Injectionen von 0,2 ccm gemacht. Patientin fing an, sich wieder zu erholen, fühlte sich aber doch
immer noch matter, als vor Beginn der Injectionen. Die Injectionen
werden wegen der Ferien ausgesetzt.

Am 1. August bekam Patientin eine profuse Hämoptyse und ging einige
Tage später zu Grunde.

In diesem Falle hätte man unbekümmert um das Dräugen der Patientin
bei kleinen Dosen bleiben sollen. Vielleicht wäre dann die Attacke zu
Anfang Juni vermieden worden, wenn dieselbe überhaupt mit den Injectionen zusammenhing. Ob die Lungenblutung — 3 Tage nach der
letzten Injection — in irgend welcher Beziehung mit denselben steht, lässt
sich nach andern Erfahrungen bezweifeln. Eine wirkliche Heilung des
Falles war durch die vorgeschrittenen Zerstörungen der Lungen ausgeschlossen. Immerhin fordert der Verlauf auf, bei vorgeschrittenen
Fällen kleine Dosen (0,3—0,4) nicht zu überschreiten.

159. Sch., Kaufmann, 28 J. alt. Seit einer Reihe von Jahren lungenleidend, in den verschiedensten klimatischen Curorten, selbst im Gebirge
von Centralamerika gewesen; seit 1 1/2 Jahren unaufhaltsame Verschlechterung. Bacillengehalt mässig.

18. Juni 1891. Starke Abmagerung; Cyanose, namentlich Nase und
Finger; starker Husten, mitunter convulsivisch mehrere Minuten anhaltend,
eitriger reichlicher Auswurf. Schlaf schlecht und durch häufige Hustenanfälle oft unterbrochen. Schweisse. Appetit verhältnissmässig leidlich,
starke Kurzathmigkeit.

Lungenbefund: Rechts vorn oben Dämpfung bis fast zur 3. Rippe.
Daselbst Bronchialathmen; wenig grossblasiges Rasseln. Rechts hinten
oben Dämpfung bis unter die Spina scapulae; Bronchialathmen; Rasselgeräusche reichlicher als vorn. (Caverne?) Rechts hinten unten wenig

zerstreute Rasselgeräusche. Links vorn tympanitischer Schall bis zur 3. Rippe, daselbst lautes Bronchialathmen und Rasselgeräusche, ebenso links hinten oben; auch über der ganzen Lunge hin und wieder Giemen und vereinzelte Rasselgeräusche.

Die Temperaturen sind in letzter Zeit Abends meist bis 38,5 " und mehr erhöht gewesen.

Patient hat bis 30. September im Ganzen 25 Injectionen erhalten; anfangs 0,3 ccm, dann, da Patient die Injectionen anscheinend gut vertrug, 0,5—0,6. Daraufhin trat gegen Ende angeblich eine Erkältung ein, mit vermehrtem Hustenreiz, Verminderung des Appetits; es wird wieder auf 0,2—0,3 zurückgegangen und die Erscheinungen gehen zurück. Die Schweisse schwinden allmählich, der Appetit wird gut. Husten und Auswurf vermindern sich, so dass Patient oft die ganze Nacht durchschlafen kann. Die Temperatur ist bei pünktlicher Messung seit Anfang Juli normal geblieben, nur 2 mal Abends 38,7°.

Lungenbefund vom 5. October 1891. Dämpfung rechts vorn bis zur 2. Rippe; Bronchialathmen mit wenig Rasseln. Rechts hinten bis zur Spina scapulae desgl. mit bronchialem Athmen und wenig Rasseln. Links hinten oben spärliches Rasseln; links vorn bronchiales Athmen ohne Rasselgeräusche. Links vorn bis zur 2. Rippe tympanitisch gedämpft.

10. November 1891. Die Temperatur andauernd normal; schon lange keine Schweisse mehr. Schläft meist die ganze Nacht ohne zu husten. Auch unter Tags wenig Husten. Kurzathmigkeit noch erheblich. Appetit wechselnd. Wenig Bacillen im Sputum.

160. N., 23jährige Zahnarztsfrau. Schwächliche Person, schon seit ca. 1 Jahr leidend. Während einer Schwangerschaft rapider Verfall, schnell fortschreitende Kehlkopfschwindsucht. Deshalb anfangs Mai künstliche Frühgeburt; nicht unbeträchtlicher Blutverlust.

Status vom 27. Mai 1891. Aeusserst anämisch, bettlägerig, erhöhte Abendtemperaturen. Völlige Aphonie, heftige Hals- und Schlingbeschwerden, so dass Patientin gar nichts Festes und Flüssigkeiten — trotz Cocaïnpinselungen nur mit Schmerzen schlucken kann. Hierdurch die Ernährung sehr beeinträchtigt.

Patientin machte den Eindruck, als ob sie höchstens noch einige Wochen zu leben hätte.

Lungen: Beide Spitzen relative Dämpfung, vorn bis zur Clavikel, hinten bis 2 Querfinger über der Spina scapulae links hinten oben fast absolut; abgeschwächtes Athmen, reichliches feines Knisterrasseln.

Uebrige Lungenpartien ohne nachweisbare Veränderungen.

Kehlkopf: Schwellung und Röthung der Epiglottis, Geschwür zwischen den Aryknorpeln; die wahren Stimmbänder sind wegen starker Schwellung der falschen nicht genau zu erkennen.

Patientin erhält vom 27. Mai bis 1. October im Ganzen 40 Injectionen und wird — zu Anfang — mit Zimmtalcohol (1 : 30) intralaryngeal gepinselt.

Die Wirkung der ersten Injectionen und Pinselungen war eine geradezu überraschende. Schon nach der ersten Injection konnte Patientin ein Beefsteak geniessen. Mitte Juni war die Stimme rein, von dem Geschwür an den Aryknorpeln kaum noch etwas zu sehen; Patientin war

fieberfrei und konnte ausgehen. Leider war Patientin trotz aller War-
nungen sehr unvorsichtig in der Ernährung und setzte sich mehrfach
Erkältungen aus. In der letzten Woche des Juni bekam sie eine sehr
heftige Metrorrhagie und wurden deshalb die Einspritzungen 10 Tage
lang ausgesetzt. Patientin war dadurch sehr anämisch geworden und
erholte sich nicht wieder; die Ernährung wurde ungenügend; unter
rascher Steigerung der Temperatur trat eine Dämpfung links hinten unten
mit Knisterrasseln auf. Dieselbe hellte sich wieder auf, dafür liessen
sich an andern Stellen catarrhalische Herde nachweisen. Die Injection
wurde auf 0,05—0,1 ccm herabgesetzt und fiel die Temperatur meist
darnach um $1/2$ —1 ^{0}. Von Anfang September stellte sich eine typische
Febris hectica ein, meist Abends 38,6—39 ^{0}; gelegentlich auch 40 ^{0}. Eine
Beeinflussung des Zustandes durch die Injectionen liess sich nicht mehr
erkennen und so wurden dieselben von Anfang October allmählich weggelassen. — Appetit war um diese Zeit verhältnissmässig gut, Stimme fast
klar, nur selten Halsschmerzen. Die Abmagerung nahm langsam, aber
unaufhaltsam zu. — Mitte September liess sich links hinten oben eine
deutliche Dämpfung mit lautem bronchialem Athmen (Caverne?) feststellen;
übrige Lunge wenig Anomalien. — Patientin brachte bei mässig erhöhten
Abendtemperaturen (38,3—38,7 ^{0}, selten gegen 39 ^{0}) die nächste Zeit subjectiv wohl zu, magerte aber langsam ab.

Es ist bedauerlich, dass der anfänglich auffallend günstige Erfolg
später wieder verloren ging. Entscheidend war hierfür der sehr geringe
Kräftestand und der nicht ohne Verschulden der Patientin eingetretene
Blutverlust. — Der schlechte Kräftezustand verbot später ein energisches
Eingreifen. Immerhin hatte man den Eindruck, als ob das Leben von
Patientin um einige Monate verlängert worden wäre. [1]

161. E., Oscar, 29 jähriger Kaufmann. Der Vater war lungenleidend, starb an Rippenfellentzündung. Im Lauf des letzten Jahres schlech-
tes Befinden und Abmagerung. Seit März 1891 Husten mit Auswurf.
Häufig Kopfschmerzen.

Status vom 26. Mai. Mager, leidendes Aussehen. Rechts vorn relative Dämpfung bis zur Clavikel, Athmen daselbst verschwächt, einige
giemende trockene Geräusche. Rechts hinten oben kaum eine Schalldifferenz, Athmen saccadirt, selten ein Rhonchus.

Uebrige Lungenpartien ohne nachweisbare Veränderungen.

Vereinzelte Bacillen im Sputum. Klagt viel über Kopfschmerzen,
namentlich im Hinterkopf. Appetit und Schlaf schlecht.

Patient erhält vom 26. Mai bis 11. Juni im Ganzen 5 Injectionen
(0,2 ccm, 0,5 ccm, 0,4 ccm, 0,3 ccm, 0,1 ccm). — Der Husten verschwindet, das übrige Befinden wird jedoch eher schlechter; daher Aus-
setzen der Injectionen. Da Patient sehr unzweckmässig lebt, wird Calomel gegeben, mit nur vorübergehendem Erfolg. 30. Juni klagt Patient
über sehr heftige Hinterkopfschmerzen und erscheint geistig etwas unklar. Bettruhe, Laxantien empfohlen.

6. Juli wird der mittlerweile von seinem Hausarzt behandelte Kranke
bewusstlos gefunden — ohne nachweisbare Lähmungen oder Spasmen,

---

[1] Januar 1892 auf Wunsch der Pat. die Einspritzungen wieder aufgenommen.

keine Nackenstarre, keine wesentliche Pupillendifferenz. Puls 90, Temperatur 39,2 — Blutegel hinter die Ohren. Calomel.
Patient stirbt 9. Juli. Section nicht gestattet. — Wahrscheinlichkeitsdiagnose: tuberculöse Meningitis, wenn auch andere Krankheiten (Typhus abdominalis) nicht mit Sicherheit auszuschliessen sind. Dass die Injectionen (im Ganzen 1,2 ccm Emulsion) an dem 4 Wochen später erfolgten Tode unschuldig sind, dürfte wohl unzweifelhaft sein. Eher könnte man sich fragen, ob nicht vielleicht eine energischere Behandlung angezeigt gewesen wäre. Eine solche war hier durch die äussern Umstände unmöglich. — Immerhin dürfte bei tuberculöser Meningitis die Zimmtsäurebehandlung ebenso mit besonderer Vorsicht vorzugehen haben, wie die Behandlung mit Tuberculin.

Ausser diesen 18 Fällen könnten noch weitere 5 erwähnt werden, die erst seit Anfang October, resp. November in Behandlung getreten sind. — In einem Fall (Schm. 162), mit starker Hämoptoë und Dämpfung rechts bis zur 2. Rippe, Rasseln etc. ist z. Z. nach 6 wöchentlicher Behandlung bei subjectivem Wohlbefinden örtlich eine wesentliche Besserung zu constatiren und die Blutungen weggeblieben. Auch im Fall 163 (B), rechts Dämpfung bis 3. Rippe, links bis 2. Rippe ist eine Besserung zu contatiren. — Verkleinerung der Dämpfungen, Verminderung des Hustens, guter Schlaf, Verschwinden der Schweisse, Verminderung der Bacillen. Fall 164 (J.) und 166 (B.) zeigen bei 3 resp. 2 wöchentlicher Behandlung höchstens subjective Besserung. — Fall 166 (H.), ein 17jähriges Mädchen, bei der 1. Untersuchung Mittags 12 Uhr 40⁰ Temperatur (!), dürfte schwerlich ein günstiges Resultat ergeben. (Bisher nur 2 Injectionen zu 0,1 und 0,05.)

Fassen wir die Ergebnisse der Zimmtsäurebehandlung innerer Tuberculosen zusammen, so ergiebt sich bei 18 Behandelten eine Zahl von 9, welche zur Zeit als geheilt angesehen werden können = 50%. Hiervon sind geheilt seit 8 Monaten 1 (144), seit 7 Monaten 1 (146), seit 5 Monaten 1 (145), seit 4 Monaten 2 (151, 152), seit 3 Monaten 2 (148, 147), seit 2 Monaten 2 (155, 157)[1].

Hierunter ist nur ein Fall (144) als ein leichter anzusehen, während 2 (145, 148) als schwer, und 1 (152) als ganz schwer zu bezeichnen sind.

Ich nenne diese Fälle z. Z. geheilt; denn — wie bei der Syphilis — wird man solche Fälle nicht nach einer einzigen Behandlung als geheilt ansehen, sondern sich auf etwaige Rückfälle gefasst machen. Eine genaue Weiterüberwachung der Kranken ist daher geboten.

Als gebessert ergeben sich 6 Fälle = 33,33 %. Es sind dies lauter schwere Fälle, z. Th. solche (150, 154, 156, 159), wo die Prognose nach bisherigen Erfahrungen selbst vorübergehende Besserungen nicht wahrscheinlich erscheinen lassen konnte. Ob hier

---

[1] Zustand bei Allen im Januar 1892 unverändert gut.

eine wirkliche Genesung sich wird erzielen lassen, ist natürlich
nicht mit Sicherheit voraus zu bestimmen.   Unter allen Umständen
wird es sich in solchen Fällen, wo bereits grosse Theile der Lungen
der Zerstörung anheimgefallen sind, nur um relative Heilungen
mit Hinterlassung einer gewissen Invalidität handeln können.

Rechnen wir die geheilten und gebesserten Fälle zusammen,
so würde sich die Zahl von 83,3% ergeben, wo ein Erfolg der Behandlung sich bemerken liess.

Als ungebessert oder in statu eodem verblieben ist ein Fall
(160) aufgeführt = 5,5%. — Auch hier ist die Besserung der Hals-
affection und des Lungenbefundes nicht ausgeblieben und wenn eine
Erholung nicht eingetreten ist, so dürfte der sehr ungenügende
Kräftestand, mit welchem die Kranke in die Behandlung eintrat,
hier mit in Anschlag zu bringen sein.   Ausserdem ist es auffallend —
im Verhältniss zum status der Aufnahme —, dass die Krankheit sich
so lange, über Erwarten lang hinzieht.

Gestorben sind 2 Fälle (158, 161) = 11,1 %. — Es ist klar,
dass profuse Lungenblutungen, wenn sie während der Behandlung
eintreten, stets einen Strich durch die Rechnung machen werden.
Dass die Behandlung nicht zu Lungenblutungen disponirt, dürften
die Fälle 154, 158, 162 beweisen, wo Lungenblutungen während
der Behandlung verschwunden sind, resp. bestehende nicht wiedergekehrt sind.

Ob man Fall 161, der nur 5 Injectionen erhalten hat, zu den
Behandelten rechnen will, steht dahin.   Würde man ihn nicht rechnen,
so würden sich ergeben 52,94 % geheilt; 35,3 % gebessert; zusammen 88,2 %; 5,9 % im Gleichen verblieben; 5,9 % gestorben.

Man sieht, wie wenig beweisend an sich Statistiken aus kleinen
Zahlen sind.

Immerhin giebt Fall 161 zu bedenken, bei Meningitis tuberculosa
mit der Behandlung — wie beim Tuberculin — weitere nothwendige
Versuche mit besonderer Vorsicht zu machen.   Andererseits zwingt
der fast absolut tödtliche Character der tuberculösen Meningitis
dazu, auch hier immer auf's Neue auf Heilverfahren bedacht zu sein.

Einen Schluss zu ziehen, in welchen Fällen noch ein Erfolg
von der Zimmtsäurebehandlung zu erwarten ist, dafür ist die Zahl
der Fälle viel zu klein.   Immerhin liegt es nahe, dass man selbst
in sehr schweren Fällen einen vorsichtigen Versuch wagen darf, ohne
dem Kranken zu schaden (s. Fälle 152, 154, 159, 160). (S. übrigens pag. 69.)

Es sei hier übrigens noch ganz besonders darauf hingewiesen, dass die Fälle ohne jede Auswahl, sowie sie sich meldeten, zur Behandlung angenommen wurden.

Dass meine Resultate sämmtlich in ambulanter Praxis erzielt sind, kann der Methode nur zur Empfehlung gereichen. Denn alle die unterstützenden Momente der Spitalbehandlung — bessere Verpflegung und Beobachtung, Bewahrung vor Schädlichkeiten und Excessen —, welche die Resultate therapeutischer Massnahmen zu verschleiern geeignet sind, fallen hier weg. Als wesentliches Moment kann nur die Behandlung gelten. Ob die zwei Todesfälle der Methode zur Last fallen, möge der Leser entscheiden. — Ich bin der Ansicht, dass sie beide hätten gerettet werden können, Fall 158, wenn ich mich nicht durch das Drängen der Patientin zu grossen Dosen hätte verleiten lassen; Fall 161, umgekehrt durch ruhige Weiterbehandlung, ohne mich an die Angaben des Patienten zu kehren.

Diese Annahme wird vielleicht derjenige belächeln, welcher noch nie eine neue Methode in die Praxis eingeführt hat und wer die Exactheit klinischer Beobachtung gewöhnt ist. Die Schwierigkeiten der Beobachtung mehren sich in hohem Grade, wenn man den Kranken nur 2 mal wöchentlich auf einige Minuten sieht und lediglich auf seine subjectiv gefärbten Mittheilungen angewiesen ist; dementsprechend erschwert sich auch die Behandlung.

Hieran seien noch einige Mittheilungen über Thierexperimente geschlossen. Am 23. December 1890 wurden 8 Thiere geimpft, intravenös, mit einer in Kochsalzlösung aufgeschwemmten Reincultur.

Die zwei Controlthiere starben schon Anfang Februar, anscheinend zugleich in Folge von Kälte, der sie sich durch Ausbrechen aus dem Stall ausgesetzt hatten. In den Lungen beider Thiere fanden sich fast unzählige anscheinend frische, in der Entwicklung ziemlich gleichmässige Knötchen, meist von Hirsekorngrösse. — Die Injectionen hatten am 23. Januar 1891 begonnen. Ein Thier, welches mit Sumatrabenzoë injicirt war (0,25 ccm und 0,75 ccm), ging 2 Tage nach der 2. Injection an einer ausgedehnten pneumonischen Infiltration beider Lungen ein. Die tuberculösen Herde waren noch deutlich aber in geringer Menge sichtbar, anscheinend z. Th. von Exsudat überdeckt. — Ein Thier wurde 1 Tag nach einer Zimmtsäureinjection (0,8) getödtet. Es zeigten sich um die tuberculösen Herde, (nicht sämmtliche, doch einen grossen Theil) ausgedehnte hämorrhagisch entzündliche Herde, wesentlich grössere und intensivere Entzündung darbietend, als bei den Perubalsaminjectionen. — Ein Thier, bei dem wegen grosser Widerspänstigkeit trotz Einspannen in das Gestell nur 3 mal 0,2—0,3 ccm Emulsion in die Venen gebracht werden konnte, ging Anfang April, wegen meiner Abwesenheit, leider ohne Section ein. — 2 Thiere, welche 6 Spritzen Tuberculin (0,01) erhalten hatten, starben Ende April, mit typischer Tuberculose. — 1 Thier, welches 6 Zimmtsäureinjectionen von 0,3—0,75 ccm erhalten hatte, blieb bis Mitte Juli leben und ging dann ein; leider wurde die Section auch hier wegen Geschäftsüberhäufung und rascher Fäulniss versäumt.

So unvollständig die Versuche sind, so lässt sich doch immerhin Einiges — zur Ergänzung der klinischen Beobachtungen, sowie der früheren experimentellen Ergebnisse — daraus entnehmen. Es zeigt sich auch hier wieder, dass die Wirkung der intravenösen Injection auf einer künstlich erzeugten Lungenentzündung beruht.

Es sind übrigens neue Untersuchungen im Gange, bei welchen neben Zimmtsäure auch Jodoform geprüft werden soll.

Genaue Darstellung der Methode der intravenösen. Injection mit Zimmtsäure.

Ueber die Technik der intravenösen Injection ist folgendes anzumerken.

Das nothwendige Instrumentarium ist folgendes.

1. eine Kautschukbinde von 1—1,5 m Länge, waschbar, am besten eine etwas stärkere MARTIN'sche Binde oder eine ESMARCH'sche Binde.

2. Schwefeläther und 0,5 %₀₀ Sublimatlösung.

3. Entfettete Watte, Sublimat- oder Jodoformgaze, Mullbinde, ca. 1 m lang, ca. 8 cm breit.

4. Eine PRAVATZ'sche oder eine LEWIN'sche 2 gr-Spritze, eine Anzahl feinster, hierzu passender Canülen (Nr. 17—14, welche durchaus frisch geschliffen sein müssen.

5. Spiritus rectificatus; sterilisirte 0,7 % Kochsalzlösung oder destillirtes (ev. auch sterilisirtes) Wasser.

6. Verschiedene Glasschalen. Einige kleine Spitzgläser zur Sterilisirung der Canülen (Cognacgläser).

7. Lackmuspapier, 1 Glasstab, 1 Schale mit sterilisirtem Wasser, oder sterilisirter physiologischer Kochsalzlösung.

Vorbereitungen:

Sterilisation der Instrumente. Die Spritzen werden am besten zu gar nichts anderem verwendet, von Zeit zu Zeit mit rectificirtem Alcohol gefüllt 3—4 Stunden stehen gelassen und dann wieder mit sterilisirtem Wasser aufgezogen. Sie liegen bei mir stets in sterilisirtem Wasser. — Geht der Stempel nicht dicht genug, so lasse ich eine Nacht lang 1 % Salicylöl in der Spritze stehen, dann Alcohol und nachher sterilisirtes Wasser oder Kochsalzlösung.

Die Canülen liegen mindestens ½ Stunde lang in Spir. rectificatus, am besten in Spitzgläsern (Cognac- oder Sectgläsern). — Vor dem Gebrauch werden sie in sterilisirtem Wasser abgespült und mehrmals damit durchgespritzt (andernfalls giebt es Gerinnung in der Canüle, wenn der starke Alkohol mit der Eidotteremulsion in Berührung kommt). Der Alcohol ist nach meinen Erfahrungen das einzige Desinficiens, welches die Schärfe schneidender Instrumente nicht angreift; die Desinfection ist dabei eine viel sicherere, als z. B. mit 5 % Carbollösung.

Zuerst ist die Emulsion alcalisch zu machen. — Auf ca. 10 gr Emulsion kommen etwa 10—15 Tropfen 25 % Natronlauge. (Kalilauge verbietet sich wegen der Einwirkung der Kalisalze auf das Herz.) Doch ist darauf zu achten, dass die Umwandlung der Zimmtsäure in zimmtsaures Natron nur langsam zu Stande kommt. Es kommt daher oft — wenn die alcalische Reaction schon erreicht war — doch wieder saure Reaction zum Vorschein. Es ist daher stets unmittelbar vor der Injection die Reaction zu prüfen und die alcalische Reaction herzustellen. — Vernachlässigung dieser Regel könnte unangenehme Störungen im Circulationsapparat hervorrufen.

Zunächst werden die Venen am Arm gestaut. Man legt zu diesem Zweck um den Oberarm eine Kantschukbinde — ungefähr so, wie beim Aderlass, nicht so fest, dass der Puls verschwindet, sondern nur so, dass Stauung in den Venen eintritt. — Bei ausgearbeiteten Armen, namentlich Männern, doch auch einzelnen Frauen treten nun die Venen der Ellenbeuge sofort straff gespannt hervor.

An Armen, die nicht gearbeitet haben, Mädchen- höherer Stände, Kindern u. s. f. sind, trotz Stauung, die Venen oft kaum sichtbar. Manchmal ist es nützlich, die erste Bindentour hoch oben am Oberarm anzulegen und dann durch absteigende Spiraltouren das Blut nach dem Ellbogen hin zu drängen. — Ein anderes Mal nimmt man die Binde wieder ab und schnürt während der folgenden paralytischen Hyperämie auf's Neue ab. Oder man lässt den Arm vorher einige Zeit herabhängen. — Durch das Scheuern und Reiben während der Desinfection treten übrigens die Venen auch noch mehr hervor.

Die Desinfection des Operationsfeldes erfolgt am besten durch eine gründliche Abreibung mit in Schwefeläther getauchter Watte, dann wird noch ein Bausch in Sublimatlösung (1:2000—1:3000) getränkte Watte aufgelegt.

Ich bin gewohnt, stets neben den Arm ein Stück Sublimatgaze
(nach KÜMMELL) und eine Mullbinde zu legen, um nach der Injection
den antiseptischen Verband stets zur Hand zu haben.

Vor der Injection ist der Arm zweckmässig zu lagern. —
Ich lasse denselben meist auf einen kleinen 4eckigen, ciserneu Tisch
mit Glasplatte legen. Darauf kommt ein Kissen mit waschbarem
Ueberzug und darüber ein sterilisirtes Handtuch. Der Arm soll
schräg nach dem Operateur zu abfallen und am besten im Ellbogengelenk etwas überstreckt sein. Dadurch werden die Venen an die
Haut angedrückt und die Injection ist leichter.

Im Uebrigen setzen sich Patient und Arzt so, dass das volle
Licht auf den Arm fällt und die Hand des Operateurs nicht auf das
Operationsfeld Schatten wirft.

Nun wird die Spritze und Canüle zunächst mit sterilisirter Kochsalzlösung abgewaschen und ausgespritzt, dann mit der alcalisch
reagirenden Emulsion gefüllt, die Luft aus Spritze und Canüle aus-
getrieben und die Canüle fest auf die Spritze aufgesetzt.

Die Spritze wird am besten zwischen 2. und 3. Finger gehalten,
der Daumen kommt auf den Stempel. Die Längsaxe der Spritze
entspricht der Längsaxe der Vene, in welche man injiciren will.

Die scharfe Canüle sticht man mit einem Ruck durch Haut und
Venenwand hindurch. Desshalb eignen sich die verhältnissmässig fest
mit der Haut verbundenen und dabei dünnwandigen Venen der Ell-
beuge besonders zur Injection, um so mehr als hier die Haut
zart, dünn und weniger verschiebbar ist. Aehnliche Vortheile bieten
auch die Venen des Oberarms, besonders die Cephalica in ihrem
unteren Theil. Am Vorderarm ist die Haut derber, die Venen dick-
wandiger und verschieblicher. Dieselben rollen unter der Haut und
man sticht leicht daneben.

Noch weniger eignen sich für gewöhnlich die Venen der untern
Extremität, z. B. die V. saphena magna. — Sie haben eine erheb-
liche Wandstärke, rollen unter der Haut und man kommt mit der
Canüle nur schwer hinein.

Wer nur einigermassen Uebung hat, fühlt sofort, ob die Spitze
der Canüle sich frei in der Vene bewegt oder im Unterhautzellge-
webe steckt. Das leichte, freie Abfliessen der Flüssigkeit, ohne ein
örtliches Extravasat zu machen, ist gleichfalls ein Zeichen, dass man
richtig in die Vene eingedrungen ist. Oft sieht man durch die Haut
hindurch die Emulsion in der Vene sich ausbreiten (an dem Verschwinden der blauen Farbe des venösen Bluts).

Ist man nicht sofort in die Vene gelangt, so kann man oft noch mit einem 2. Stoss, indem man die Vene mit der linken Hand fixirt, die Vene erreichen. Meist wird es sich empfehlen, die Canüle herauszuziehen und die Injection an anderer Stelle von Neuem zu versuchen.

Ist die Injection geglückt, so pflege ich, in dem Augenblick, wo ich die Canüle herausziehe, den neben dem Arm liegenden Bausch Sublimatgaze auf den Stich aufzudrücken, die Spritze wird bei Seite gelegt, die rechte Hand legt die Mullbinde um und befestigt damit den Sublimatmull auf der Wunde.

Meist kommt auch nicht ein Blutstropfen aus dem Stich. Nur in einzelnen Fällen, bei starker Stauung, dicker Canüle und grosser Vene kommt es zu geringer Blutung, die aber sofort nach Lösung der elastischen Binde aufhört.

Die elastische Binde nehme ich meist erst einige Minuten nach der Injection langsam ab. Die injicirte Flüssigkeit tritt so nur allmählich und in kleinen Mengen in die Circulation ein und eine Belästigung des Herzens oder Lungenkreislaufs wird vermieden.

Spritze und Canüle sind sofort nach dem Gebrauch wieder zu reinigen.

Eine Entzündung der Stichstelle habe ich nie erlebt. Wohl aber habe ich bis zu 30 Injectionen an derselben Vene und derselben Stelle gemacht, ohne Entzündung oder Infiltration zu bekommen.

Der Verband bleibt einige Stunden liegen, bis der Stich verklebt ist. Es empfiehlt sich deshalb bei Leuten, die arbeiten müssen, den linken Arm zur Injection zu benutzen.

Ist etwas Injectionsflüssigkeit aus Versehen ins Gewebe gekommen, so genügt ein PRIESSNITZ'scher Umschlag, die meist unbedeutende Schmerzhaftigkeit zu beseitigen.

Es lässt sich nicht leugnen, dass gerade bei intravenöser Injection eine längere Uebung, welche ev. am Kaninchenohr zu erlangen ist, ganz wesentlich zur Sicherheit des Erfolges beiträgt.

Die Menge des zu Injicirenden schwankt zwischen 0,1 bis 1,0 ccm der 5 % Zimmtsäureemulsion. Nur in einzelnen Fällen wird man darunter gehen müssen, bis $\frac{1}{2}$ Theilstrich, bei Kindern und sehr heruntergekommenen Personen. (S. F. 160, 165, 184.)

Andererseits wird man nur selten über 1,5 ccm gehen sollen, selbst wenn die Patienten grössere Dosen scheinbar ohne Schaden vertragen.

Die mittlere Dosis, welche in weitaus den meisten Fällen zu wählen ist, schwankt von 0,3—0,6 ccm.

Als Regel wird gelten dürfen, 2 Mal wöchentlich zu injiciren.

Wo die Injectionen gut vertragen werden und ein besonderer Anlass dazu vorliegt, kann auch häufiger, selbst mehrere Tage hinter einander eingespritzt werden. (Vgl. Fall 152.)

Landerer, Tuberculose.   5

Ebenso kann, wenn die Dosis sehr klein gewählt wird, ev. 3 Mal wöchentlich injicirt werden.

Die unmittelbaren Folgen der Injection sollen, wenn die Dosis richtig gewählt ist, gar keine sein.

Bei manchen Kranken kommt gegen Abend, bei andern erst den folgenden Tag eine gewisse Unruhe, Abgeschlagenheit und Müdigkeit, besonders in den Beinen zur Geltung, ebenso finden manche auch den Schlaf erst später als sonst. Nicht selten wird leichter Kopfschmerz geklagt.

Die Temperatur ist des Abends meist um 0,3—0,5° erhöht, der Puls um 8—10 Schläge frequenter. S. die Curve pag. 51.

Bei Kranken, welche Fieber haben, fällt oft die Temperatur, nach kurzer Steigerung um 0,3—0,5° schon des Abends um 1° und mehr.

Mitunter habe ich bei Kranken, welche Morgens injicirt worden waren, Abends an den afficirten Stellen der Lungen etwas vermehrtes Rasseln gehört.

Die subjectiven Empfindungen bei der intravenösen Injection schildert ein in dieser Weise behandelter College (Fall 152 pag. 49) in folgender Weise:

„Subjective Symptome während der Behandlung
mit Zimmtsäure.

1. Localsymptome: Sehr unbedeutender Schmerz bei der Injection, wie bei subcutaner Injection eines reizlosen Arzneimittels; der Schmerz geht nach $\frac{1}{4}$—$\frac{1}{2}$ Stunde vollständig vorüber, und wenn nach etwa 3 Stunden die Binde abgenommen wird, ist der Arm wieder gebrauchsfähig.

Geht die Einspritzung neben die Vene, so entsteht ein Oedem mit sehr mässiger Schmerzhaftigkeit, die 1—2 Tage andauert, jedoch die Gebrauchsfähigkeit des Armes kaum oder gar nicht beeinträchtigt.

2. Allgemeinsymptome.

a) Unmittelbar nach der Einspritzung: Meist keine Wirkung fühlbar, zuweilen jedoch leichte Müdigkeit für etwa $\frac{1}{2}$ Stunde, darnach eher eine gewisse Erregtheit. Wenn eine verhältnissmässig starke Dosis rasch in den Kreislauf kam, trat etwa $\frac{1}{2}$ Minute nach Abnahme der elastischen Binde ein gewisses Gefühl von Druck und Wärme im Kopf auf (ganz ähnlich wie nach Riechen an Amylnitrit); ferner eine Art Krampfgefühl im Leib, ähnlich wie nach einem Stoss auf den Magen; die Symptome gingen nach wenigen Minuten vollständig vorüber.

b) Während der Behandlungsdauer überhaupt: Leichtere
psychische Reizbarkeit; spätes Einschlafen, bei im übrigen
gutem Schlaf; ein nicht näher beschreibbares Gefühl von „Voll-
sein" des ganzen Körpers. Zweifelhaft, ob und wie weit diese
Symptome überhaupt von der Zimmtsäure und nicht vielmehr
vom gesammten Krankheitszustand abhängig waren."

Die ferneren Folgen sind nun in den ersten 2—4 Wochen oft
nicht besonders in die Augen fallend.

Ein Theil der Kranken — es sind die leichten Fälle oder
solche, wo bei grösseren Zerstörungen auf der Lunge der Kräftezustand noch ein guter gebliebcn ist — empfindet überhaupt nichts
von den Injectionen.

Nach ca. 3 Wochen findet der Kranke, dass der Auswurf seine
Farbe ändert, dass der eitrige Charakter desselben sich mindert
und das Ausgeworfene mehr schleimig erscheint. Häufig wird auch
der Husten weniger oder er ändert seine Beschaffenheit, insofern
er nicht mit Auswurf verbunden ist, sondern mehr ein trockener
„Reizhusten" wird. Dieser Reizhusten quält manche Kranken ziemlich stark, besonders Nachts, und kann Anlass zur Verabreichung von
Narcoticis und ev. auch zur Verminderung der Dosis werden. Mitunter ist auch eine PRIESSNITZ'sche Einwicklung der Brust nützlich.

In Fällen glatten Verlaufs wird allmählich auch der Schlaf
besser; der Kranke wird seltener durch Hustenanfälle geweckt und
schläft leichter wieder ein.

Zu gleicher Zeit lassen die quälenden Nachtschweisse nach und
verschwinden bald ganz.

Auch der Appetit hebt sich nun, die Kranken bekommen ein
frischeres Aussehen, ihre Stimmung wird besser. Am spätesten lässt
gewöhnlich die Kurzathmigkeit nach.   -

Besonders empfindliche und auf sich aufmerksame Kranke gaben
mir an, dass an den afficirten Stellen, oft auch anderswo am
Thorax vermehrte Empfindungen, oft sogar leichte Schmerzen sich
einstellten.

Untersucht man jetzt — vielleicht in der 4. Woche — die
Kranken, so findet man meist die Dämpfungen nahezu im Gleichen,
höchstens an den Rändern aufgehellt; die auscultatorischen Erscheinungen sind jedoch oft jetzt schon wesentlich andere geworden.
Namentlich haben die Rasselgeräusche an Intensität und Menge abgenommen. Oft tritt an ihre Stelle Knacken und Giemen. In besonders günstigen Fällen können dieselben an einzelnen Stellen schon
ganz verschwunden sein.

Der Gehalt des Auswurfs an Bacillen kann um diese Zeit schon eine nachweisbare Verminderung aufweisen.

Das Körpergewicht nimmt in diesen ersten 3—4 Wochen meist nicht zu, sondern bleibt stationär oder nimmt um 1—1½ kg ab.

Bei den meisten Kranken bestand in den ersten Wochen ein vermehrtes Krankheitsgefühl, welches schwand, wenn eine gewisse Gewöhnung an die Injectionen eingetreten war. ⸱ Vielleicht beruhte diese Erscheinung auch darauf, dass ich in den meisten Fällen mit zu grossen Dosen begonnen hatte; wenigstens habe ich in den späteren Fällen (162—166) nichts Aehnliches mehr beobachtet.

In den leichteren Fällen war nun der weitere Verlauf ein verhältnissmässig glatter. Allerdings fühlte sich der eine oder der andere Patient, namentlich von denen, welche nebenher arbeiten mussten, hin und wieder etwas matter, oder klagte — besonders im Winter oder Uebergangszeiten — über etwas mehr Husten oder Brustschmerzen. Erscheinungen, die aber bald, von selbst oder unter Anwendung eines PRIESSNITZ'schen Umschlags um Brust oder Hals verschwanden.

Die eigentliche Erholung stellt sich erst einige Zeit nach völliger Beendigung der Injectionen ein.

Dann tritt Gewichtszunahme, frische Gesichtsfarbe, subjectives Wohlbefinden, Wiederkehr der alten Arbeitsfähigkeit zu Tage.

Die Dauer der Behandlung sollte selbst in leichten Fällen nicht unter einem Vierteljahr betragen — ausser wenn die Verhältnisse eine besonders energische Behandlung gestatten. (Fall 152.)

In schwereren Fällen sollte die Behandlung auf ½, ¾ Jahr ausgedehnt werden. Pausen von 2—4 Wochen — namentlich wenn dieselben in guter Luft zugebracht werden können — sind, wenn jeder progressive Character der Krankheit geschwunden ist, nur dienlich.

Auch nach Beendigung der Behandlung sollten die Kranken noch beständig unter ärztlicher Controle bleiben und beim geringsten Verdacht eines Recidivs wieder in Behandlung genommen werden. Oeftere Untersuchung der Lungen, sowie mikroskopische Prüfung des Auswurfs sind nöthig.

Der Vergleich mit der Syphilisbehandlung liegt hier sehr nahe.

Unangenehme Nebenerscheinungen können unmittelbar nach der Injection und im Uebrigen während der Behandlung sich einstellen.

Hat man (relativ) zu viel eingespritzt, so können sich Erscheinungen einstellen, wie wir sie — ähnlich — von der Transfusion her kennen.

In leichten Fällen kommt es nur zu Congestionen nach dem Kopf — verglichen mit den Empfindungen beim Riechen von Amylnitrit. (S. pag. 67.)

In schweren Fällen können sich Kreuzschmerzen, dann auch Leibschmerzen mit Erbrechen (besonders bei Kindern) einstellen. Meist ist nach wenigen Minuten bis einer halben Stunde völliges Wohlbefinden eingetreten. In einem Fall erklärte der Kranke, dass er von dieser „starken" Injection an das Gefühl der Genesung gehabt habe.

In einzelnen Fällen schloss sich Schüttelfrost ca. $^1\!/_2$ Stunde nach der Operation an. Es trat dies eigentlich nur bei Kindern ein, wenn die Dosis von 0,1 überschritten wurde oder die Emulsion ziemlich alt war. Nach spätestens einer Stunde erfolgte Temperaturabfall, mit heftigem Schweiss, dann Schlaf und beim Erwachen völliges Wohlbefinden.

Nur bei einem sehr heruntergekommenen Mädchen (Fall 197) schloss sich 2 Mal ein mehrtägiges Fieber an, dem allerdings nachher ein Temperaturabfall unter die Anfangstemperatur folgte.

Der Appetit lässt oft — namentlich im Anfang der Behandlung — zu wünschen übrig. Ich glaube, dass auch diese Störung mit zu grossen Dosen zusammenhing. Manchmal wirken kleine Mittelchen — tct. Chin. comp. — und ähnliches bessernd.

In dieser Beziehung erwies sich meist der Perubalsam — selbst intramusculär injicirt — günstiger. Ich habe daher in einzelnen Fällen zwischendurch Perubalsam, intramusculär, injicirt.

Es ist nicht unmöglich, dass sich im Perubalsam irgend eine Substanz findet, welche günstig auf den Appetit wirkt. Vielleicht gelingt es, dieselbe zu isoliren (Cinnameïn?).

Anscheinend kommt diese Störung nur bei grösseren Dosen vor. Setzt man die Dosis herunter, so wird meist der Appetit auch besser.

Ferner habe ich bei schwereren Fällen, namentlich nach grösseren Dosen Zustände gesehen, welche von den Kranken — ob mit Recht, ist eine andere Frage — als Erkältungen bezeichnet wurden. Die Temperatur war erhöht, Husten und Auswurf gesteigert, ein nicht unbeträchtliches Krankheitsgefühl vorhanden. Binnen einigen Tagen bis einer Woche ging der Zustand vorüber und die Kranken fühlten sich wohler, als vorher. Das Körpergewicht hatte um mehrere Pfund abgenommen.

Es ist möglich, dass hier gewöhnliche Erkältungen vorlagen, denen Phthisiker besonders leicht ausgesetzt sind. Es ist aber ebenso gut denkbar, dass es sich um eine intensivere Entzündung um die tuberculösen Herde, eine Art arteficiellen Pneumonie gehandelt hat,

wie sie bei Kaninchen, wo ja mit relativ viel grösseren Dosen gearbeitet wird, beobachtet wurde.

Ich halte das Auftreten dieser Erscheinungen für einen Fehler,
der vermieden werden muss. Er scheint bedingt durch zu häufige
und zu grosse Dosen.

Erscheinungen von Nephritis habe ich trotz oft wiederholter Harn-
untersuchungen nicht feststellen können, weder beim Perubalsam,
noch bei der Zimmtsäure. Auch hat sich bei den vor Jahren mit
Perubalsam behandelten Fällen nichts von consecutiver Nephritis,
Schrumpfniere und dgl. gezeigt.

Wird die Behandlung vorsichtig mit kleinen Gaben begonnen
und nur langsam und behutsam zu grösseren Dosen übergegangen,
lässt man sich durch das Drängen der Patienten nicht zu häufigeren
Einspritzungen veranlassen, werden alle Hilfsmittel der Behandlung
(gute klinische Pflege, Aufenthalt in frischer Luft, Fernhalten von
Schädlichkeiten u. s. w.) mit herangezogen, so lässt sich die Behandlung der Tuberculose mit intravenösen Zimmtsäureinjectionen sicher
ohne jede Spur von Unannehmlichkeit für den Patienten durchführen,
überhaupt ohne dass der Patient das Gefühl hat, dass etwas in ihm
vorgehe und an ihm gemacht werde. — Stets muss man allerdings
sich daran erinnern, dass die Wirkung der Injectionen die Erregung
von Entzündungen um die tuberculösen Herde ist. Bei der Her-
vorrufung und Unterhaltung dieser Vorgänge muss selbstverständlich
ruhige Beobachtung und Vorsicht die erste Regel sein und bleiben.

Es wäre nicht undenkbar, die KOCH'sche Behandlung mit der
Zimmtsäurebehandlung zu combiniren.

Zunächst wirkt ja das Tuberculin — in sehr kleinen Dosen —
bei vielen Kranken appetitanregend, ein Umstand, von welchem
Nutzen gezogen werden könnte.

Dann erregt das Tuberculin an tuberculösen Stellen Hyperämie
und Entzündung. Es lässt sich denken, dass die mit Zimmtsäure
beladenen Körnchen der Emulsion dann in noch grösserer Menge an
den kranken Stellen niedergeschlagen werden und so die Wirkungen
sich summiren. Dass man mit dieser combinirten Behandlung un-
gemein vorsichtig sein müsste, noch viel behutsamer, als beim Tuberculin, liegt auf der Hand.

Wenn ich es bis jetzt unterlassen habe, solche combinirte Behandlung zu versuchen, so liegt dies daran, dass mein Material klein
ist. Ich musste vor Allem bestrebt sein, reine Beobachtungen zu
haben, wo jede andere Nebenwirkung, als die der intravenösen Injection mit Zimmtsäure ausgeschlossen war.

Behandlung chirurgischer Tuberculosen
mit Zimmtsäure.

Der Darstellung der Methode und der befolgten Grundsätze mögen auch hier die Krankengeschichten vorangehen.

Coxiten kamen zur Behandlung 6. Hiervon sind 5 geheilt, 1 gebessert.

167. W., Emmy, 13 J. alt. Sonst gesundes Kind, Cousine von No. 54, Coxitis, s. pag. 21. Seit 3/4 Jahren erst Schonen, dann Hinken des linken Beines bemerkt.

Status praes. 7. October 1890. — Blass, leichte allgemeine Drüsenschwellung. Linkes Bein abducirt, etwas flectirt. Einschränkung sämmtlicher Bewegungen, Rotation fast völlig aufgehoben. Druckempfindlich. 10. October Extensionsverband. 13. October erste Injection mit 1,5 ccm Zimmtsäureemulsion, an der Spitze des Trochanter bis zum Knochen; gut vertragen. Bis 16. November im Ganzen 9 Injectionen. Völlig schmerzfrei. Nicht mehr im Bett zu halten. Bewegungen fast völlig frei. — Seit nunmehr 12 Monaten, trotz eines Falles vom Reck auf die betr. Hüfte, geheilt geblieben. Auch das anfangs noch bemerkbare Nachziehen des kranken Beins verschwunden.

168. Sch., Gustav, 13 J. alt. Seit Juli 1890 Hinken etc. bemerkt. — Anderweit von Januar bis April 1891 mit Tuberculin behandelt. Eine Besserung trat dadurch nicht ein; statt dessen stellten sich allmählich abendliche Fiebersteigerungen, um 38,5, hin und wieder bis 39° ein.

Klinische Aufnahme 8. Mai 1891. — Abduction im linken Hüftgelenk, bei geringer Flexion. Beträchtliche Schwellung der linken Hüftgelenkgegend. Inguinalfurche fast verstrichen; tiefe Fluctuation? — Zunächst Extension und 4 tiefe Injectionen mit Zimmtsäureemulsion um den Trochanter herum. Da Temperatur und Schmerzen dadurch nicht beeinflusst werden, kommt Patient am 28. Mai in einen wattirten Gipsverband zu liegen. Die Schmerzen lassen sofort nach. — Es werden in der nächsten Zeit 10 intravenöse Injectionen zu 0,1 ccm gemacht. Die Temperatur geht nach jeder Injection auf 24 Stunden zur Norm zurück, um sich dann wieder zu heben, hält sich meist um 38°, höchstens hin und wieder 38,5°. Am 25. Juni wird der Gipsverband abgenommen. Es hat sich an der Vorderseite des Gelenks ein Abscess gebildet. Im Verlauf von 4 Tagen werden 20 gr 10% Jodoformglycerin eingespritzt, ein neuer Gipsverband angelegt. Patient 17. Juli aus der Klinik entlassen. 10. August, wo der Gipsverband abgenommen wird, zeigt sich der Abscess unverändert, dem Durchbruch nahe. 16. August einfache Eröffnung, Ausspritzung mit Zimmtalcohol, Drainage. — 15. September Secretion sehr gering, in 2 Tagen kaum 5 Markstückgrosser Fleck im Verband. 3 Mal wöchentlich Ausspülung mit Zimmtalcohol. Es wird wieder mit localen parossalen Einspritzungen begonnen. — Hüftgelenk bei Bewegungen und Druck nicht schmerzhaft. Fieberfrei. Schlaf und Appetit normal. Gutes Allgemeinbefinden.

Da die Fistel sich eingezogen hatte, die Secretion aufgehört und jede Untersuchung des Hüftgelenks schmerzfrei war, wurde Patient am

4. October in Gipsverband gelegt. Bei gutem Allgemeinbefinden erhält Patient Januar 1892 eine TAYLOR-WOLFF'sche Schiene zum Gehen. Die Beobachtung ist nicht rein, da das Jodoform auch — möglicher aber nicht gerade wahrscheinlicher Weise — zum Erfolg beigetragen haben kann. Die Einwirkung des Tuberculin war jedenfalls eine ungünstige gewesen.

169. H., C., 12jähriger Schüler. Vor 2½ Jahren resecirt, seitdem Fisteln. Status von 22. November 1889. Sehr magerer und anämischer Junge, Verkürzung des linken Beins um ca. 7 cm, Trochanter beweglich durch Bindegewebe mit dem Hüftknochen verbunden. Ueber der Spitze desselben und ca. 7 cm unterhalb desselben, an der Vorderfläche des Oberschenkels Fisteln; anscheinend Pfannencoxitis.

Nach Ausspritzungen der Fisteln mit Perubalsamäther, 15 Injectionen von Perubalsamemulsion in die Umgegend der Fisteln waren dieselben, selbst mit eingelegten Drainröhren, nicht mehr offen zu halten, sie zogen sich ein und schlossen sich. Aber schon nach 3 Wochen machte sich unter Fiebererscheinungen eine Schwellung in der linken Fossa iliaca bemerklich, welche am 4. März 1890 durch präparirendes Vorgehen eröffnet wurde. Die fast 15 cm tiefe Höhle wurde ausgeschabt, ohne auf einen Sequester zu stossen, ebenso eine der alten Fisteln wieder eröffnet und drainirt. Unter Ausspritzung von Zimmtalcohol und ca. 20 parenchymatösen Injectionen von Zimmtemulsion (1,0) heilten die Fisteln allmählich zu und waren Ende Juni 1890 geschlossen. Das Allgemeinbefinden war ein vorzügliches geworden. Patient war rund und blühend wie nie zuvor.

Während eines Badeaufenthalts eröffnete sich eine derselben vorübergehend wieder und wurde von dem betr. Badearzt mehrmals — ohne jeden dringenden Anlass — sondirt. Nach jeder Sondirung trat Fieber auf, einmal sogar mit Schüttelfrost.

Die Fisteln wurden mit Zimmtalcohol ausgespritzt und wieder Zimmtsäureinjectionen gemacht. Allmählich schlossen sich dieselben wieder. Ende Mai bekam Patient plötzlich unter heftigen Fiebererscheinungen eine osteomyelitische Schwellung an der unteren Epiphysengegend der rechten Tibia. Die Eröffnung des deutlich fluctuirenden Abscesses wurde abgelehnt und die Eltern, welche annahmen, dass durch die Behandlung die Krankheit nur von einem Bein in's andere vertrieben sei, versuchten diesem Leiden durch eigene Behandlung mittelst vegetarischer Ernährung zu begegnen. Erfolg unbekannt.

170. B., C. W., 3jähriger Gutsbesitzerssohn. Angeblich schon seit ¼ Jahren Gehstörung im linken Bein. In letzter Zeit ist das Kind durch Schmerzen, schlechten Schlaf und ungenügenden Appetit heruntergekommen. Mit Extension, Gipsverbänden etc. schon mehrfach erfolglos behandelt.

Aufnahme 8. Juni 1891. — Flexion 45°, Abduction 30° des linken Beins. Schmerzhaftigkeit bei Druck, heftige Schmerzen bei Bewegungen, die hierdurch sehr eingeschränkt sind. Im Uebrigen noch kräftig aussehendes, etwas fettes Kind. Allgemeine Drüsenschwellung.

Therapie: In Narcose wird ein extendirender Gipsverband in etwas abducirter Stellung angelegt. Locale Zimmtsäureinjectionen. — Nach der 1. Injection von 2,0 ccm Temperatursteigerung auf 39°; daher nur noch

0,8 ccm pro D. — Bis 15. Juli im Ganzen 15 Injectionen — dann Abnahme des Gipsverbandes. Sämmtliche Bewegungen sind frei und schmerzlos. In Narcose erneuter Gipsverband. Damit entlassen. 5. August Wiedervorstellung. Status idem. Erneuter Gipsverband. 5. September Gipsverband ab. Gute Beweglichkeit des Hüftgelenks, fängt an, zu gehen.

171. F., Paul, 12jähriger Schüler. Beginn der Behandlung am 5. September 1889. F. leidet seit 1880 an Coxitis, 1885 anderwärts resecirt; seitdem mehrere Fisteln. Schlechter Ernährungsstand, Albuminurie. Sommer 1889 Seebad, aus welchem Patient sehr verschlechtert zurückkommt. Hochgradiger, allgemeiner Hydrops, Ascites bis über den Nabel, beiderseitiger Hydrothorax; Leber und Milz colossal vergrössert. Albuminurie $2/3$ Vol. Allgemeines Amyloid. — Abscess in der Fossa iliaca, Fisteln in der Resectionswunde und neben dem Mastdarm. — Durchdrainirt vom Becken bis zum After, mehrere Drains in die Gesässbacke. Durchspritzen der Drains mit Perubalsam; im Uebrigen Bäder und Packungen. 15. Januar 1890 entlassen, ohne Oedeme, meist eiweissfreier Urin; Leber und Milz fast zu normaler Grösse verkleinert. Fisteln an der alten Resectionsstelle, an der Spina ilei und am After.

Patient besucht die Schule bis Juli 1891. Die mittlerweile mit Zimmtalcohol eingespritzten Fisteln hatten sich eingezogen und sonderten nur sehr wenig Eiter ab. Das Allgemeinbefinden war ein gutes. Der Urin fast immer eiweissfrei. — In der Annahme, dass es sich bei dieser acetabulären Coxitis um einen zurückgebliebenen Sequester handeln könne, wurden am 5. Juli 1891 die Fisteln erweitert, von der Spina ilei und der alten Resectionswunde in die Tiefe gedrungen; ein Sequester fand sich nicht; die Verbindung beider Fisteln konnte mit Sonden hergestellt, jedoch nicht wie beabsichtigt ein Drain durchgeführt werden: Auswaschen mit Zimmtspiritus. Keine Reaction auf den Eingriff. — Die Secretion ist z. Z. sehr gering; es liegen 2 Drains. (Ein grösserer Eingriff war von den Angehörigen abgelehnt worden.)

An diesem Fall ist zu beachten, dass trotz ausgiebiger und dauernder Anwendung von Perubalsam und Zimmtsäure eine bereits bestehende schwere Nierenerkrankung sich gebessert hat — sicher ein Beweis, dass reiner Perubalsam und Zimmtsäure unschädlich für die Nieren sind.

Hierzu kommt noch ein leichter Fall von Coxitis (neben Fungus pedis, No. 187 pag. 79), welcher gleichfalls geheilt ist.

Spondylitis: 1 Fall, gebessert.

172. S., Julius, 8 J. alt, Handelsmannssohn. Schon im Frühjahr 1890 vorgestellt mit Gibbus der unteren Halswirbelsäule, schlechter Gehfähigkeit und schlechtem Allgemeinbefinden. Empfohlen Soolbäder, ½ Jahr lang Bettruhe, dann Minerva. 11. Mai 1891 wieder vorgestellt. Soll den Winter über mit der Maschine gut gegangen sein. Gegen das Frühjahr verschlechterte sich der Zustand. Patient wurde bettlägerig und konnte nicht mehr stehen, viel weniger gehen.

Aufnahme 11. Mai 1891. Anämischer Knabe mit fast spitzwinkligem
Gibbus in unterer Hals- und oberer Brustwirbelsäule; dadurch bedingter
starker Deformität des Thorax. — Aufgestellt knicken die Beine sofort
zusammen. Stark erhöhte Reflexe. Sensibilität so ziemlich normal. Patient
erhält vom 11. Mai bis 14. Juni 16 intravenöse Injectionen zu 0,1 ccm;
daneben Bettruhe. — Bei der Entlassung 14. Juni kann Patient gehen, mit
spastischem Gang. Sehr gutes Allgemeinbefinden. — Soll zu Hause weiter
liegen. 14. August wieder vorgestellt. Gehfähigkeit etwas besser. Minerva.

Kniegelenkentzündungen kamen zur Behandlung: 12. Hiervon ist gestorben 1 Fall; geheilt 7, gebessert 4, worunter 3 nur
kurze Zeit in Behandlung standen — 4½ Wochen (Fall 175 H.),
7 Wochen (Fall 181 R.) und 9 Wochen (Fall 183 Sch.). In letzterem
Fall scheint nachträglich noch weitere Besserung eingetreten zu sein.
Wenig gebessert ist Fall 181 R., ein centraler Fungus des Condylus
int. femoris. In Fall 184 hätte die Amputation vielleicht den tödt-
lichen Ausgang abgewendet.

173. K., Alwine, Arbeiterskind, 4½ J. alt. Seit ca. 1 Jahr Anschwellung des rechten Kniees und Gebrauchsstörung, zeitweilig anderwärts
mit Perubalsaminjectionen behandelt. Die Eltern wünschen eine Operation.

9. Juli 1890. Anämisches Kind mit allgemeiner Drüsenschwellung.
Rechtes Kniegelenk in ca. 135° Beugung; Kniegelenk im Ganzen wenig
aufgetrieben, über dem Condylus externus fem. eine teigige Schwellung.

11. Juli 1890 Resectio genu atypica. — Bogenschnitt nach unten
convex, über das Lig. patellae, welches durchtrennt wird. Dann wird
der Lappen nach oben geschlagen. Es findet sich so gut wie kein Fungus
im Knie, sondern meist schwartige Verdickung der Kapsel. Im Condylus
externus ein 3 cm tiefer Herd, welcher nach der Ausschabung gerade
den Zeigefinger eindringen lässt. — Tamponade dieses Herds mit Perubalsamgaze, Naht des Lig. patellae. Perubalsamgazeverband. 5. August
entlassen. Wunden in guter Granulation, mit Perubalsampflaster zu ver-
binden. Poliklinische Nachbehandlung (von auswärts).

13. December 1890 kommt das unglaublich verwahrloste und ver-
schmutzte Kind mit einem Erysipel wieder, welches zu einem Abscess in
der rechten Kniekehle führt. Incision und Drainage. 29. December
entlassen. Wunden heilen unter Perubalsambehandlung langsam aus, die
Narben gehen wegen ganz ungenügender Pflege mehrmals oberflächlich
auf. In 1891 ca. 18 Injectionen mit Zimmtsäure; mehrmals Gipskapseln.
Von Ende Mai an sind die Wunden geheilt, doch werden noch einige
Injectionen gemacht.

Bei der Vorstellung Anfang October 1891 schöne gut eingezogene
Narben. Bein steht im rechten Winkel. Beweglichkeit ist jedoch vorhanden und soll das Bein Anfang 1892 allmählich gestreckt werden. Vorzügliches Allgemeinbefinden.

174. B., R., 5 J. alt, Arbeiterssohn. Seit 3½ Jahren Eiterungen
am Knie.

Aufnahme 27. Mai 1891. Eine Fistel an der Innenseite des Kniees,
eine Fistel in der Wade, Kniegelenk kaum verdickt. Verkürzung des

ganzen Beins um 3 cm, hauptsächlich bedingt durch Wachsthumsstörung
der Tibia und Deformität der oberen Epiphysengegend dieses Knochens.
Diagnose: abheilende extraarticuläre Tuberculose der Tibia. Operation
1. Juni 1891. Spaltung und Auskratzung der Fisteln, von denen die eine
fast 12 cm lang. Auswaschung mit Zimmtalcohol, Tamponade damit.
Einige glutäale Injectionen. 12. Juli geheilt. 26. Juli mit guter Gehfähigkeit und vorzüglichem Allgemeinbefinden entlassen. Das Befinden
ist auch bisher ein gutes geblieben.

175. H., Fräulein, 18 J. alt. Hinkt seit $1/4$ Jahr. Gesund und
kräftig aussehend. In der Familie mehrfach Tuberculose.

Linkes Kniegelenk im Ganzen geschwollen, mässiger Erguss; über
dem Condylus internus femoris eine fünfmarkstückgrosse, weiche, pseudo-
fluctuirende besonders schmerzhafte Stelle. Beweglichkeit im Kniegelenk
ca. 30 ^{0}.

Vom 3. März 1891 an Gipskapsel bei Tag, PRIESSNITZ'sche Umschläge
bei Nacht. 8 örtliche und 4 glutäale Injectionen. Bei der Abreise am
13. April ist der Gang schmerzfrei, aber hinkend; die fungöse Stelle verkleinert, härter und weniger druckempfindlich. — Von einem definitiven
Erfolg kann hier wegen der Kürze der Behandlung und Beobachtung
natürlich nicht die Rede sein.

176. M., 16jähriger Commis. Leidet seit dem 4. Lebensjahr an
Knieaffection, die bald besser, bald schlechter gewesen sein soll. Im
5. Lebensjahre einmal eine Incision an der Innenseite des Gelenks. —
Seit 8 Wochen heftige Schmerzen, so dass Patient nur noch hinkend an
Stöcken gehen kann.

Status praes. 8. April 1891. — Im Ganzen gesund erscheinend, etwas
anämisch. Halsdrüsen in geringem Grade vergrössert. — Am linken
Knie zeigt sich eine entzündliche Hypertrophie des Condylus int., auf
demselben bis über den Semilunarknorpel herab eine teigige, sehr schmerzhafte Schwellung. Beweglichkeit im Kniegelenk beschränkt, weder völlige
Streckung, noch Beugung möglich. Mässiges Genu valgum.

Vom 8. April bis 4. Juli im Ganzen 10 örtliche Injectionen (durchschnittlich 0,6 ccm) und 3 glutäale (1,5 ccm) Injectionen, daneben PRIESS-
NITZ'sche Umschläge; die ersten 4 Wochen Gipskapsel. — Schon noch
5 Wochen sind die Schmerzen verschwunden und die Schwellung sehr
reducirt, doch werden die Injectionen fortgesetzt. Am 17. Juli stellt sich
Patient nochmals vor; geht gut ohne Stock, ohne Hinken. Die Hypertrophie des Condylus int. i. Gl.; die fungöse Stelle nicht mehr zu fühlen.
Patient giebt an, sich nie so wohl gefühlt zu haben. Beweglichkeit im
Knie nahezu normal. 10. November tadelloser Gang, völlig schmerzfrei,
keine Schwellung. Ob der Erfolg Bestand haben wird, bleibt abzuwarten.

177. K., Bernhard, 11 J. alt. Seit 3 Jahren knieleidend, im
Uebrigen kräftiger Junge; Heredität nicht belastet; Hydrops tuberculosus
des linken Kniegelenks mit Hypertrophie des Condylus externus. Mässiges
Hinken. Von auswärts poliklinisch.

Von Ende August 1890 an Gipsverband mit Injectionen von Sumatrabenzoë, vom 7. October ab Zimmtsäureinjectionen, theils glutäal, theils
local, im Ganzen 21 Injectionen. — Ende März 1891 bessert sich die
Gehfähigkeit, so dass Patient sogar Schlittschuh läuft; der Hydrops ver-

mindert; die Hypertrophie des Condylus externus ist ganz unverändert.
Bleibt aus der Behandlung weg.

178. Pf., Ida, 5 J. alt. Erblich belastet. Seit dem ersten Lebensjahr leidend, namentlich an der Lunge. Mässige Kyphoscoliose. Allgemeine Drüsenschwellung.

Vom 19. Januar 1891 bis 17. März 1891 behandelt mit Gipskapsel
und glutäalen Injectionen. Gebrauchsfähigkeit gebessert, Abschwellung. —
Bleibt weg.

179. B., Lotte, 3 J. alt. Seit 1889 Knieaffection. — Ausgesprochener Fungus des linken Kniegelenks, teigige Schwellung des ganzen
Gelenks, Schmerzen beim Gehen und bei Druck.

`   Beginn der Behandlung September 1890. Gipsverband, erst einige
Perubalsaminjectionen, dann bis 9. November 13 Injectionen mit Zimmtsäure, theils local, theils glutäal. 9. November ein starkes Infiltrat im
Glutacus (Infection), welches aber nicht zur Vereiterung kommt. Daher
Pause bis 16. Januar 1891; dann noch 9 theils glutäale, theils locale
Zimmtsäureinjectionen. 19. März Kind geht gut, längere Zeit, ohne
Schmerzen; eine mässige Verdickung des Condylus int. ist geblieben.

Nach neueren Nachrichten soll das Kind auch jetzt noch gut gehen.

180. H., 39jähriger Schneider. Seit 1¹/₂ Jahren Beschwerden im
rechten Kniegelenk. Anämischer Mensch, viel Husten. Typischer Fungus
des linken Kniegelenks, Hypertrophie des Cond. int. fem.; Valgusstellung;
heftige Schmerzen, geht an Krücken.

Seit 18. August 1890 Gipskapsel, locale und glutäale Injectionen
mit Perubalsam, dann Sumatrabenzoë, schliesslich Zimmtsäure; im Ganzen
ca. 60 Injectionen.

Patient fängt bald an besser zu gehen, von Frühjahr 1891 an ohne
Stock. Seit Mai 1891 eine Aenderung nicht mehr zu constatiren. Die
Hypertrophie des Cond. int. vermindert, aber noch vorhanden. Beweglichkeit ca. 50°; Kapsel noch etwas dicker anzufühlen. Geht rasch ohne
Stock, ohne Schmerzen. Husten fast völlig geschwunden.

181. R., 15jähriger Malerlehrling. Hydrops tuberculosus des linken
Knies; starkes Hinken und heftige Schmerzen.

Vom 7. April 1891 Gipskapsel und Injectionen glutäal, sowie einige
Injectionen local mit Zimmtalcohol (0,1—0,2 ccm). 1. Juni verlangt
Patient wieder zu arbeiten, da die Gebrauchsfähigkeit wesentlich gebessert
ist und die Schmerzen fast völlig verschwunden sind. Arbeitet vom 1. Juni
bis 9. Juli, steigt Leitern etc. — Der Erguss ist wieder so stark, wie
zu Anfang; im Gelenk, in dem oberen Recessus eine kleinapfelgrosse,
harte, etwas verschiebliche, anscheinend gestielte Masse (zusammengeballte
Fungusmasse?). Da Patienten die Arbeit verboten wird, bleibt er weg.

182. R., Dora, 9 J. alt. . Linkseitige tuberculöse Kniegelenkentzündung (hat 1889 3 Perubalsaminjectionen, Gipsverband und künstliche
Soolbäder bekommen, worauf Besserung; seit 4 Monaten Recidiv). Leichte
Beugestellung, fungöse Massen neben der wenig beweglichen Patella, hinkt
stark, ziemlich heftige Schmerzen. — Mageres, sehr nervöses Kind.
Erhält vom 31. October bis 24. Februar ca. 22 Injectionen, theils local,
theils glutäal; wesentliche Besserung, bleibt weg. — 20. Mai wieder
vorgestellt. Erhält bis 22. August nochmals 12 Injectionen. In Beobach

tung geblieben. November 1891 völlig schmerzfrei, geht leicht, ohne zu hinken; im Gelenk nichts von Fungus. Beweglichkeit ca. 100⁰; Patella gut verschieblich, wenn auch nicht so leicht, wie normal.

183. Sch., Albert, 5¹/₂ J. alt. Fungöse Erkrankung des rechten Knies, anscheinend schon lange bestehend; Knie steht in 1¹/₂ Rechtsbeugung, Patella verlöthet, daneben fungöse Massen; Schmerzen und Hinken. Vom 11. October bis Mitte November erst Injectionen mit Perubalsam, dann mit Zimmtsäure, im Ganzen 10; daneben Gipskapsel. — Schmerzen verschwunden, Fungus in Rückbildung; bleibt weg. — Soll in gutem Zustand sich befinden.

184. K., Flora, 14¹/₂ J. alt, Arbeiterstochter aus Thr. Knieaffection seit Anfang des Jahres 1890. Beginn der Behandlung am 10. October 1890. Kniegelenk flectirt, mit Fungus dick gefüllt, namentlich im oberen Recessus dicke Fungusmassen. Wöchentlich 1—2 glutäale und örtliche Injectionen. Das Kniegelenk schwillt bis Mitte Januar 1891 um 2 cm ab, Schmerzen verschwunden, Allgemeinbefinden gut. Nach einer Injection am 21. Januar soll ziemlich rasch starke Schwellung des Knies, Fieber etc. sich eingestellt haben, was die Eltern veranlasst, das Mädchen fast 3 Wochen lang nicht zur Vorstellung zu bringen. 15. Februar grosser periarticulärer Abscess. Temperatur 39,2. Klinische Aufnahme. 16. Februar Operation. Abscess bis zur Mitte des Oberschenkels. Der Recessus unter dem M. quadriceps ist in eine 2 cm dicke gelbliche Schwiele verwandelt; ebenso sind reichliche derbe Verlöthungen zwischen Patella und Femur und zwischen Ober- und Unterschenkelknochen; sehr wenig Fungus. Drainage, Perubalsamverband. — Das Befinden war zunächst ein gutes. Im April begann die Temperatur wieder zu steigen, worauf erneute Incision. Sehr langsames Heilen der Wunden. Im Mai wieder unregelmässige Temperatursteigerungen, ohne nachweisbare örtliche Veränderungen. Auf den Lungen nichts nachzuweisen. Einige intravenöse Injectionen von 0,1—0,2 drücken die Temperatur auf einige Tage zur Norm herab; grössere 0,2 veranlassen mehrtägige Fiebersteigerungen; daher ausgesetzt. Appetit etc. gut, Allgemeinbefinden auffallend wenig beeinträchtigt; nur der Puls ist stets hoch, um 90. Im Juli wird, da die Heilung der Wunden nur sehr langsam fortschreitet, die Amputation vorgeschlagen, jedoch von der Kranken vorerst abgelehnt; 15. Juli entlassen. Starb Anfang August, nach Mittheilung durch Blutung aus einer Wunde (Femoralis?).

Der Verlauf ist in doppelter Hinsicht beklagenswerth. Erstens ist die üble Wendung in einem anscheinend günstigen Verlauf (s. die bindegewebigen Schrumpfungen) herbeigeführt durch eine Infection bei einer Einspritzung. An derselben ist um so weniger zu zweifeln, als ungefähr zur selben Zeit noch 3 Infiltrate bei glutäalen Injectionen beobachtet wurden. Eins derselben kam zur Vereiterung, die andern wurden resorbirt. Bei poliklinischer Thätigkeit sind solche Fehler vielleicht eher zu entschuldigen. Seit übrigens die Canülen in 90% Alcohol desinficirt werden, statt wie früher in 5%iger

Carbollösung, sind — nun in einem Zeitraume von über 12 Monaten — auch nicht die geringsten Infiltrate wieder vorgekommen. Zweitens hätte die leider abgelehnte Amputation doch wohl das Leben gerettet.

Entzündungen des Fussgelenks, der Fusswurzel etc. kamen 12 Fälle zur Beobachtung. Hiervon sind geheilt 10; sehr gebessert und der Heilung nahe 1; 1 Fall — ein wenig ausgedehnter fistulöser Process — blieb ungeheilt. Vielleicht wäre auch er bei längerer Behandlung noch geheilt worden. — Unter den Fällen sind 4, welche als sehr schwer bezeichnet werden müssen und bei denen die Amputation ernstlich in Erwägung gezogen wurde.

185. C., Adolph. 7 Jahr alt. Kaufmannssohn. Stets scrofulös, Schnupfen und Ohrenleiden, z. Z. hartnäckige scrofulöse Ophthalmien; allgemeine Drüsenschwellung.

November 1889. Fungöse Anschwellung der Fussgelenksgegend, des Tarsus bis nach dem Metatarsus hin. In der Gegend des Kahnbeins und des Capitulum metatarsi V und auf dem Fussrücken je eine Fistel. Mit der Sonde in denselben Sequester zu fühlen. Operation zunächst von den Eltern abgelehnt; Ausspritzungen der Fistel mit Perubalsamäther, einige locale Injectionen. Im März 1890 wird die Operation gestattet (poliklinisch). Es werden sämmtliche Keilbeine und das Würfelbein, welche lose in einer Höhle liegen, entfernt; Auskratzung, Auswaschung mit wässriger Sublimatlösung und Tamponade mit Perubalsamgaze. Beim 1. Verbandwechsel nach 2 Tagen schmerzfrei und ohne Entzündung. Zum 2. Verbandwechsel brigen die Eltern den Knaben, der sich angeblich nicht wohl befunden hatte, erst nach 6 Tagen — starke Entzündung des Fusses und Unterschenkels, anscheinend durch Secretverhaltung hinter den zu lange gelegenen Gazetampons. Temperatur 39,2°. Entfernung der Tampons, Einlegen von Drainröhren, Ausspritzung der Höhle und Umschläge mit Sublimatlösung. Rascher Abfall der Temperatur und der Schwellung. Doch mussten 2 Senkungen längs der Sehnenscheiden am Unterschenkel incidirt werden. Im Juli wurden die Wunden bis auf 2 Fisteln geschlossen. Nach der Rückkehr aus einem Sommeraufenthalt werden seit November 1890 örtliche und glutäale Einspritzungen mit Zimmtsäureemulsion gemacht; die noch vorhandene Schwellung nimmt allmählich ab. Eine eingezogene Fistel secernirt noch. Erst im Juni 1891 geben die Eltern eine nochmalige Operation zu; es wird ein kleiner Sequester entfernt und nach 3 Wochen ist die Fistel geheilt und bis jetzt geheilt geblieben. Gehen konnte der Junge schon seit Herbst 1890 wieder ohne Schmerzen. Das Allgemeinbefinden hat sich sehr gebessert; Patient macht den Eindruck eines gesunden Jungen; die scrofulöse Ophthalmie schon seit $3/4$ Jahren geheilt. Der Fuss ist um $2 1/2$· cm verkürzt; zwischen Mittelfuss und Fusswurzel ist eine sehr derbe bindegewebige Verbindung eingetreten. Gang ohne Hinken.

184. W., Richard. 12jähriger Gärtnerssohn. Seit 1 Jahr Anschwellung des linken Fusses und Gehstörung. Aufbruch im Frühjahr 1890.

Stat. vom 10. Juni 1890: Anämisch und mager. Linker Fuss von einigen Querfingern über dem Fussgelenk bis zu den Zehen bläulich geschwollen. In der Gegend des vordern Endes des Calcaneus mehrfache fistulöse Durchbrüche.

Es wird zunächst versucht, ohne Operation durch örtliche, parossale und glutäale Injectionen mit Perubalsamemulsion die Heilung zu erreichen; das Allgemeinbefinden bessert sich, die Absonderung vermindert sich, eine wesentliche Aenderung wird jedoch nicht erzielt.

Im Gedanken, dass es bereits zur Sequesterbildung gekommen sei, wird 10. November 1890 zur Operation geschritten. Es zeigt sich eine grosse Höhle im Calcaneus, welche fast der ganzen Spongiosa des Knochens entspricht; ausserdem Eröffnung des CHOPART'schen Gelenks und der Weichtheilherde an der Aussenseite des Fusses. — Auskratzung, Tamponade mit Perubalsamgaze. Schon nach ca. 2 Monaten zeigte sich wieder auf dem Fussgelenk, vielleicht bedingt durch eine Retention, ein fünfmarkstückgrosser fungöser Herd. Nun wird vom Februar 1891 an mit parossalen Zimmtsäureemulsionen begonnen; in den ersten Monaten nur wenig sichtbarer Erfolg, dann von Mai 1891 an sichtliche Schrumpfung des Fungus. Die Weichtheilgeschwüre verheilen, die Fisteln ziehen sich ein. Eine erneute Auskratzung von 2 Fisteln am 22. September fördert einige Sequesterchen, aber sehr wenig Granulationen zu Tage.

Am 20. October in Mitte zahlreicher derber Narben noch 2 eingezogene Draincanäle mit geringer Secretion.

Die Heilung ist, da von Fungus keine Rede mehr, wohl mit Sicherheit zu erwarten. — Es wäre hier zu einer Operation nach WLADIMIRO-WITCH-MIKULICZ, selbst zu einer PIROGOFF'schen Operation keine Möglichkeit gewesen, sondern nur die — bereits anderwärts vorgeschlagene — Amputatio cruris supramalleolaris in Frage gekommen. Patient geht jetzt mit Schienenschuh.

187. R., Gretchen. 2¹/₄ Jahr, Gutsbesitzerskind. Andere Kinder z. Th. scrofulös. Bei der Aufnahme 8. December 1890 typische Auswärtsrollung und scheinbare Verlängerung des rechten Beins, Druck auf den Trochanter schmerzhaft. Rechte Inguinalfalte vielleicht etwas voller; geht gar nicht. Gipsverband und örtliche Injectionen, am obern Rand des Troch. maj.; 26. Januar entlassen, mit freier Beweglichkeit im Hüftgelenk, fast normaler Stellung. Das Kind geht aber immer noch sehr ungern und hinkend. Um den innern Knöchel desselben Beins eine leichte Schwellung. — Am 21..März kommt das Kind, welches einstweilen Soolbäder genommen hatte, wieder mit einer deutlichen fungösen Schwellung des rechten Fussgelenks, namentlich ausgesprochen am innern Knöchel. — Am 21. und 25. März werden ambulant — die Eltern des Kindes wohnten ziemlich entfernt — Zimmtsäureinjectionen gemacht. Nach der 2. sehr heftige Anschwellung des Gelenks, welche die Eltern veranlasst, das Kind 28. März ·wieder der Klinik zu übergeben. Rechtes Fussgelenk stark blauroth geschwollen, undeutlich fluctuirend, nie Fieber. Zunächst Umschläge mit Sublimatlösung 1:3000. — Da in den nächsten Tagen eine Abschwellung des Gelenks nicht eintritt, wird am 6. November zur Operation geschritten. Es entleert sich ca. ein Esslöffel schleimigeitriger Flüssigkeit, das Gelenk zeigt eine fungöse Entartung; doch sind

die Knorpel grösstentheils noch erhalten; 2 seitliche Längsschnitte, unten leichte Bogenkrümmung nach vorn. Um die Gelenkkörper freier besichtigen zu können, wird der Malleolus internus an seinem Ansatz an der Tibia quer durchgetrennt, das Gelenk ausgekratzt, 2 Drainröhren quer durch das Gelenk gelegt, der Malleolus an seinen Platz gebracht, einige Situationsnähte, nachdem die Wunde mit Zimmtsäurealcohol ausgewaschen war. Es war klar, dass nicht alles Kranke entfernt war. — Der Verlauf war dauernd fieberfrei. 2 mal wöchentlich Verbandwechsel. Nach ca. 14 Tagen zeigt sich ein fungöser Abscess längs der Sehnenscheiden der Extensoren, derselbe wird gespalten, ausgekratzt und mit Perubalsamgaze tamponirt. Von 22. April an werden bei jedem Verbandwechsel (ca. 2 mal wöchentlich) 2—3 örtliche Injectionen von Zimmtsäureemulsion in der Umgegend der Wunden und des Fussgelenkes gemacht, daneben Ausspülungen der Fisteln mit Zimmtalcohol. Bis Ende Mai sieht man eigentlich nur wenig Wirkung derselben; dann beginnen die Draincanäle sich einzuziehen, die fungösen Massen werden hart. Dabei hat sich das Allgemeinbefinden sehr gehoben; Appetit wird sehr gut; Schlaf, der früher sehr unruhig gewesen, durchaus normal. Am 21. Juni wird das Kind mit einem Drainrohr durchs Fussgelenk zu ambulanter Behandlung entlassen. Am 11. Juli wird, bei fast versiegter Secretion, das Drainrohr weggelassen, die Injectionen sistirt. Am 30. Juli sind die Wunden fast verheilt, gut eingezogen; das Fussgelenk ist gut beweglich. Das Kind geht mit einem Schienenschuh, fast ohne zu hinken. Das Hüftgelenk ist fast so frei beweglich, wie das linke.

Dieser Fall beweist, dass man bei der Zimmtsäurebehandlung auch solche Fälle zur Heilung bringen kann, wo man nicht alles Kranke entfernt hat, wenn man nur das Gelenk so öffnet, dass man mit den Medicamenten von aussen zu kann; dass man die Injectionen ruhig fortsetzen soll, wenn auch nicht sofort der Erfolg kommt. — Hätte man hier alles Krankhafte entfernt, so wäre eine Ankylose des Fussgelenks fast unausbleiblich gewesen.

Die Möglichkeit, dass am 25. März bei der ambulant gemachten Injection eine Infection während oder nach der Injection erfolgt sei, ist nicht von der Hand zu weisen, wenn auch das Fehlen des Fiebers einigermassen dagegen spricht.

188. G., Richard, 11 Jahre. Gutsbesitzerssohn. Seit 1 Jahr Hinken und Anschwellung der Fussgelenksgegend.

Stat. praes. vom 15. April 1890. · Anämischer Junge. Die ganze Fussgelenksgegend in eine spindelförmige Geschwulst verwandelt, stellenweise Erweichung. Die vorgeschlagene Operation wird abgelehnt. Daher Gipskapsel und Injectionen meist local, nur einige glutäale Injectionen. Poliklinisch, kommt nur selten. — Der Knabe erhält 1890 20 Injectionen zu 0,8—1,0 ccm. 9. Juni wird in Abwesenheit des Vaters von dem Hausarzt eine Incision gemacht, welche aber nur Blut und etwas dünne Flüssigkeit entleert haben soll. Auf die wunden Stellen Perubalsampflaster. — Gegen November 1890 beginnt der Knabe in der Gipskapsel etwas zu gehen und die Schule zu besuchen. 1891 noch 8 Injectionen. Der Knabe läuft hinkend.

Mai 1891 wird ein Schienenschuh angelegt, in dem Patient gut und lange gehen kann. — Z. Z. hinter den Knöcheln noch leichte Wülste, die aber von Untersuchung zu Untersuchung kleiner werden. Fussgelenk zeigt eine Beweglichkeit von über $1/2$ R. Bei Druck und Stoss keine Empfindlichkeit. — Allgemeinbefinden hat sich sehr gehoben. Bei günstigeren äusseren Verhältnissen hätte sich die Behandlungsdauer wohl wesentlich abkürzen lassen.

189. N., Robert, 13 Jahre alt; rothhaarig, anämisch und mager, Halsdrüsenschwellung, hin und wieder Eczeme. — Seit seinem 3. Jahr Eiterung an der linken Ferse; bald besser, bald schlechter; kann hinkend gehen; liegt dann mitunter einige Monate; mehrmals incidirt und operirt.

Fisteln an der Innen- und Aussenfläche des Calcaneus, um dieselben begrenztes teigiges Infiltrat, dünnes jauchiges, wenig riechendes Secret, Schmerzhaftigkeit gering, Fussgelenk frei.

Am 17. Februar 1891 werden in Narcose die Fisteln erweitert und im Calcaneus, nach dem Sinus tarsi hin eine wallnussgrosse Höhle gefunden, ohne sicht- oder fühlbare Sequester, mit blassen, zum Theil zerfallenen Granulationen und käsigen Massen; ausgeschabt bis in's Gesunde; Durchlegen eines Drains, daneben lockere Tamponade mit in Zimmtsäurealcohol getauchter Gaze. — Fieber- und schmerzfreier Verlauf, 3. März zu ambulatorischer Behandlung entlassen. 7. Mai die Drainröhre weggelassen. Patient geht ganz gut. 14. Mai innere Drainstelle geschlossen, Ausspritzung mit Höllensteinlösung aus Versehen 1:10, worauf sofort heftiger Schmerz und starke Anschwellung, die erst in 14 Tagen wieder völlig verschwindet. 13. Juni sind die Wunden verheilt und gut eingezogen. 18. Juli gute Gehfähigkeit. Patient hat sich sehr gut erholt, vorzügliches Aussehen.

Oertliche Einspritzungen mit Emulsion sind hier nicht gemacht, weil kein Fungus zurückgeblieben schien. Dagegen 8 glutäale zu 1,0 Emulsion.

190. St., 19jähriger Schneider. Schon mehrmals wegen einer Fistel am rechten Fuss vergeblich operirt.

6. October 1890. Magerer, etwas anämisch aussehender Mensch. In der Gegend des 1. Keilbeins eine Fistel, welche eben eine Sonde eindringen lässt; in der Gegend der Tub. oss. metat. V eine Narbe.

Ausmeisselung der Fistel als Rinne, Tamponade mit Perubalsamgaze. Zunächst guter Verlauf, aber sobald das Drainrohr entfernt wird, schliesst sich die Fistel, um nach einigen Tagen unter Röthung und Schmerzen wieder aufzubrechen. Eine spätere Auskratzung (mit Cocaïn) ändert nichts, ebensowenig 3 Injectionen mit Tuberculin, die wohl Temperatursteigerung, Röthung und Schwellung, sowie necrotischen Zerfall, aber keine Heilungsvorgänge veranlassen. 14. December 1890 mit Drainröhre und Zimmtalcohol entlassen. Gehfähigkeit gut. Im Mai wieder Schmerzen. Es wird quer durch den Fuss ein Drain gelegt. Patient bleibt weg. Die Fistel soll bis jetzt nicht geheilt sein.

191. K., Arthur, aus R. 10 Jahre alter Arbeiterssohn. Seit $3/4$ Jahren Anschwellung des rechten Fussgelenks mit heftigen Schmerzen; kann sich nur mit Krücken fortbewegen.

19. August 1890: Gelenk mit fungösen Massen erfüllt; Beweglichkeit fast aufgehoben. Mässiger Grad von Anämie.

Von 19. August bis 15. September 1890 6 Perubalsaminjectionen glutäal,

3 Injectionen mit Sumatrabenzoë local. Gipskapsel. — Von 15. September bis 1. November Pause. Von 1. November an Zimmtsäureinjectionen bis 17. November local.

Patient geht gut am Stock, noch einige schmerzlose Wülste neben den Knöcheln.

Wiedervorstellung 2. April 1891, guter Befund, geht am Stock. — Zur Sicherung des Erfolgs noch 4 locale und 4 glutäale Zimmtsäureinjectionen, im Ganzen 22 Injectionen. Patient hat sich seitdem mehrmals vorgestellt. Geht gut ohne Stock, ohne jeden Schmerz, längere Strecken. Atrophie der Musculatur in Rückbildung, Beweglichkeit im Fussgelenk fast 1 R. Sehr gutes Allgemeinbefinden.

192. H., Carl, 12 jähriger, magerer, aber sonst gesunder Junge. Entzündliche Anschwellung über dem linken äussern Knöchel, mit Perforation. Fussgelenk in geringem Grad in seiner Beweglichkeit gehemmt, Schwellung desselben unbedeutend. Nur geringfügige Störung der Gehfähigkeit.

Ausspritzung der Fisteln mit Perubalsam vom 8. August 1890. 4 Perubalsam-, 6 Zimmtsäureinjectionen in die Glutäen. 22. September nach Abstossung eines Sequesters geheilt.

193. St., Else. 6 Jahre, viel Husten, Catarrhe etc., im Ganzen gesund. Seit Herbst 1889 Hinken, Schmerzen und Anschwellung der Gegend der innern Hälfte des LISFRANK'schen Gelenks.

Von 13. Januar bis 22. Januar 1891 neben Gipskapsel 4 glutäale Injectionen mit Zimmtsäure. 22. Januar bis 10. Februar wegen Erkrankung ausgesetzt. Von 10. Februar bis 23. April theils locale, theils glutäale Zimmtsäureinjectionen; Besserung der Gehfähigkeit; Anschwellung vermindert, aber nicht völlig verschwunden. 23. April bis 27. Juni Scharlach. Zustand verschlechtert, daher 24. Juli Operation. Eine Incision auf dem Fussrücken zeigt keinen fungus, aber der Gelenkknorpel des Os naviculare liegt abgelöst und necrotisch im Gelenk; Ausschabung. Heilung in 3 Wochen, unter Tamponade mit Mull, getränkt in Zimmtalcohol. — Geheilt geblieben; geht ohne zu hinken. Trägt der Sicherheit halber einen stützenden Schienenschuh.

194. Schm., Minna, 9 Jahre alt. Allgemeine Drüsenschwellung, etwas mager, sonst guter Ernährungsstand. Seit December 1890 Schmerzen und Schwellung des rechten Fussgelenks.

Beginn der Behandlung 13. April 1891. Typischer Fungus des Fussgelenks. Erhält von 13. April bis 23. Juni 1891 17 theils locale, theils glutäale Zimmtsäureinjectionen. Die ersten 4 Wochen Gipskapsel. Geht schmerzfrei, ohne zu hinken, grössere Strecken. Gutes Allgemeinbefinden.

195. G., Frida. 4 Jahr. Brauerstochter. Seit dem 1. Lebensjahr Anschwellung des rechten Fussgelenks und Unfähigkeit zu gehen. Mehrfach ärztliche Behandlung. Starke Atrophie, rechter Oberschenkel — 2 cm, rechter Unterschenkel — 3 1/2 cm, Fussgelenk — Wülste neben den Malleolen, diese selbst von Fungus überlagert; activ völlig unbeweglich, passiv unter lebhaften Schmerzen um wenige Winkelgrade. —

Erhält von 5. Mai bis 15. September im Ganzen 20 theils locale, theils glutäale Injectionen, daneben in den ersten 8 Wochen Gipskapsel. — Geheilt. Fungus geschrumpft; active Beweglichkeit 30°; passive gegen 60°. Geht schmerzfrei, ohne zu hinken.

196. B., Margarethe. 6 Jahr. Seit mehreren Jahren eine Fistel am linken Calcaneus; um dieselbe Lupus und fungöses Infiltrat. Von 27. Mai bis 27. August 1891 theils locale, theils glutäale Zimmtsäureinjectionen; daneben wird die Fistel mit Zimmtalcohol ausgespritzt und mit Perubalsampflaster verbunden. Fistel geheilt. — Lupus sehr verkleinert und abgeflacht. Soll noch mit Zimmtalcohol injicirt werden.

Schultergelenk: 2 Fälle. Geheilt 1; noch in Behandlung 1.

197. S., Friseurssohn. 6 Monate alt. Im Laufe der letzten Wochen langsam zunehmende Anschwellung des linken Schultergelenks. Stat. vom 16. October 1891. Sehr elendes atrophisches Kind, allgemeine Drüsenschwellung, scrofulöses Eczem. Hornhautflecke (anscheinend von Blennorrhoea neonatorum). Rechte Schulter grosser fluctuirender Abscess.

Zunächst 4 Injectionen zu 1,0 Zimmtsäureemulsion in den Abscess. Als derselbe durchzubrechen drohte, 4. November Operation. Eröffnung, Auskratzung, wobei eine rauhe Stelle an der Unterfläche des Acromion und eine solche am Humeruskopf gefunden werden, Drainage nach der Fossa supraspinata. Auswaschen mit Zimmtsäurealcohol und Einlegen damit getränkter Wieken, neben einem Drainrohr. Nach 10 Tagen werden die Wieken entfernt; sehr rasche Heilung bis Ende November 1891. Seitdem geheilt geblieben.

198. S., O., 3jähriger Schlosserssohn. Mutter vor 2 Jahren an Lungentuberculose gestorben.

Im Verlauf von 4 Wochen hat sich eine harte kuglige Anschwellung der rechten Schulter entwickelt; prall gespannt, fluctuirend.

Leider werden vorbereitende Zimmtsäureemulsionen versäumt.

Am 21. Juni 1891 Incision. Entleerung typischen tuberculösen Eiters aus dem Schultergelenk. Eine typische Resection wird nicht gemacht; nur an der Vorderseite werden die Fasern des Deltoïdeus auseinandergedrängt und hier die Schultergelenkkapsel bis zum Acromion geöffnet; ebenso wird dieselbe von hinten geöffnet. Die Knorpel sind noch relativ intact; eine cariöse Stelle wird nicht gefunden. Auswaschen mit Zimmtalcohol. Drainage.

Die Nachbehandlung des — poliklinisch behandelten — Knaben wird durch dessen unglaubliche Ungeberdigkeit so erschwert, dass in den ersten Wochen nicht einmal eine Ausspritzung der Drains möglich ist. Schliesslich reisst sie sich der Junge selbst heraus. Ende Juli ist die hintere Wunde verheilt; vorn noch eine kleine Drainfistel. August und Anfang September Aufenthalt auf dem Lande mit künstlichen Soolbädern. Trotz 2 mal wöchentlichen Ausspritzens des Gangs mit Zimmtalcohol heilt die Fistel nicht aus (anscheinend Sequester). Ende November, nach einer erneuten Auskratzung, wobei weder Sequester, noch rauhe Stellen an den Knochen gefunden werden, Verschluss zweier Drainstellen, Einziehung der dritten.

Fungus des Ellbogengelenks kam 1 Fall zur Beobachtung; geheilt.

199. L., Elisabeth, 7 J. alt. Vielfach krank. Sehr anämisch und nervös. Vom 3. Jahr an wegen Entzündung des Ellbogengelenks

6*

in ärztlicher Behandlung. 1890 anderwärts resecirt. — Am hinteren
Umfang des Ellbogengelenks eine 8 cm lange Narbe, in der eine secernirende Fistel, eine 2. am Epicondylus int. hum. Die Rückfläche des
Gelenks eingenommen von teigigem Fungus. Active Beweglichkeit des
in einem Winkel von fast 1 R. stehenden Gelenkes so ziemlich Null,
passiv vielleicht 10 °. Vom 17. Januar 1891 vorwiegend glutäale, auch
einige locale Injectionen; Ausspritzen der Fisteln mit Zimmtsäurealcohol;
äusserlich Perubalsampflaster. 10. Februar sind die Fisteln geschlossen.
Fortsetzung der Injectionen bis 17. März (im Ganzen 15). — Bis jetzt
geheilt geblieben; erst im Herbst 1891 kehrt wieder etwas active Beweglichkeit im Gelenk zurück. Kind hat sich — unter gleichzeitigem
Gebrauch von Soolbädern — auch sonst erholt.

Hand und Finger 5 Fälle; 3 Fälle geheilt, 1 noch in Behandlung. 1 bei wesentlicher Besserung des örtlichen Leidens an
Lungenleiden und Erschöpfung gestorben.

200. D., Frau, 65 J. alt. Sehr heruntergekommene Frau, hochgradig kurzathmig, massenhaftes eitriges, aber nicht bacillenhaltiges Sputum.
Handgelenk aufgetrieben, crepitirt, 2 Fisteln.

11. Juli 1890 Resectio manus, Entfernung des ganzen Metacarpus,
Abkratzung der Gelenkflächen der Vorderarmknochen, Drainage, Verband
mit pulverisirter Sumatrabenzoë.

Bei geringem Blutverlust und kurzer Operationsdauer sehr angegriffen.
Langsame Erholung. — Secretion ziemlich stark, während die Weich-
theile abgeschwollen sind, bis zu Ende September 1890, wo der die Hand-
wurzel quer durchsetzende Fistelgang mit Zimmtsäurealcohol ausgespritzt
wird. Jetzt ziehen sich die Fistelöffnungen rasch ein, Secretion minimal.
Die Entfernung des in der Tiefe gefühlten Sequesters lehnt Patientin ab; von
einer Narcose wird wegen ihres schlechten Allgemeinbefindens abgesehen.
Patientin stirbt im December 1890 an Entkräftung.

201. Z., Richard, 18 jähriger Arbeiter. Aus gesunder Familie.
Vor einem Jahr Pleuritis. Seit Herbst 1890 Schmerzen und langsame
Anschwellung des rechten Handgelenks.

10. März. — Rechtes Handgelenk mässig geschwollen und schmerzhaft; teigig anzufühlen; druckempfindlich; Beweglichkeit beschränkt; active
und passive Bewegungen sehr schmerzhaft.

Vom 17. März bis 15. Mai 1891 neben Gipskapsel 10 theils glutäale,
theils locale Injectionen. — Das Gelenk ist schmerzfrei und abgeschwollen.
Beweglichkeit ist noch beschränkt. — Patient hat seitdem schwere Arbeit
(Kohlentragen) mit der Hand verrichtet.

202. L. H., 50 jähriger Hausmann. — Seit ca. 1 Jahr langsame Anschwellung des linken Handgelenks. Zunehmende Schmerzhaftigkeit und Un-
brauchbarkeit. Etwas in seinem Ernährungszustand herabgekommen. Husten.

9. Mai Fungus manus. Druckempfindlichkeit besonders am Carpus,
ungefähr in der Gegend des Oscapitatum. Vom 9. Mai bis 23. Juni neben
Gipskapsel 6 locale und 4 glutäale Injectionen. Rasche Besserung und
Abschwellung. Patient vermag leichtere Gegenstände schmerzlos zu tragen.
Beweglichkeit im Handgelenk auf ca. 20 ° beschränkt. — Auch später
noch langsame Besserung.

203. H., 52jährige Frau. Tuberculose des II. Metacarpodigital-
gelenks. — Seit 2½ Jahren Anschwellung, darnach Aufbruch.
Fungöse Anschwellung in der Mitte der Fistel. — Vom 20. Juni 1891 5 locale
Injectionen; Abschwellung. In der Fistel Sequester zu fühlen. Ein Ver-
such, ohne Narcose, die Sequester zu extrahiren (30. Juli), misslingt.
3. November Narcose gestattet. Entfernung zahlreicher kleinster Sequester.
Aufmeisselung der Markhöhlen des I. Phalanx und des II. Metacarpus.
Heilung unter dem feuchten Blutschorf.

204. J., Clara, 3 J. alt; Schwester Lupus. — Spina ventosa am
Mittelfinger der linken Hand seit ungefähr einem halben Jahr. — Vom
19. Februar 1891 bis 28. April 2 locale, 4 glutäale Injectionen. Geheilt.
— 14. September wieder vorgestellt. Heilung hat Bestand behalten.

Ein Fall, 3½jähriger Junge, mit verflüssigtem Fungus am untern
Ende des Radius blieb nach 3 Injectionen aus der Behandlung weg.

Tuberculose der Rippen: 2 Fälle; geheilt.

205. Bl., Gertrud, 6 J. alt. Elendes, kleines Kind mit allgemeiner Drüsenschwellung. Seit Juni 1889 Eiterung am rechten Schläfen-
bein, daran mehrmals anderwärts operirt. — Seit August 1890 eine Anschwellung der rechten untern Rücken- und Rippengegend.
27. October Beginn der Behandlung. An rechter Schläfe, am rechten
Augapfel, au der rechten Backe je eine fungöse Fistel. Rechts in der
Gegend der untern Rippen, von der Wirbelsäule bis über die Axillarlinie
hinaus eine grosse schwappende Geschwulst. Nachdem 3 Zimmtsäureinjectionen in dieselbe gemacht sind, am 27. November Operation; Eröffnung am hintern und vordern Pol der Geschwulst. Vorn findet sich
eine cariöse Stelle, die ausgekratzt wird; Ausschabung der ganzen Höhle
unter ziemlicher Blutung. Auswaschen mit Zimmtalcohol. Drainage und
Wieken. — Von einer Operation der Schädelfisteln wird abgesehen, da
das Kind sehr collabirt ist.
Heilung bis Mitte Januar 1891. — Fortsetzung s. Tuberculose des
Schädels No. 209.

206. L., August, 31jähriger Maurer. Vor anderthalb Jahren
wegen eines grossen Abscesses in der untern rechten Rippengegend anderwärts operirt, angeblich ohne Chloroform, da er Narcose nicht zuliess.
Drainage. Seitdem eine stark secernirende Fistel in der Gegend vom
vordern Ende der 10. Rippe. — 20. Mai 1891. Eine Operation wird in
bestimmtester Weise abgelehnt. Ein weiches Bougie dringt 18 cm weit
ein, ohne auf blossliegenden Knochen zu stossen. — Unter Ausspritzungen
mit Zimmtspiritus schliesst sich die Fistel Mitte Juni und bleibt geschlossen.
(Letzte Vorstellung im August 1891.)

Tuberculose des knöchernen Schädels: 3 Fälle; 2 geheilt,
1 gebessert, aber noch in Behandlung.

207. O., 20jähriger Arbeiter. Seit ½ Jahr Otitis media. Seit
October, nach Incision eines Abscesses hinter dem Ohr, 3 Fisteln hinter dem
Ohr. Anderwärts behandelt vom October 1890 bis Februar 1891. Otitis
media mittlerweile geheilt.
2. Februar in Behandlung. Ausspritzung mit Zimmtalcohol. 24. Februar
geheilt. Heilung hat Bestand behalten.

208. H., Anna, 2½jähriges Kind. Teigige Schwellung auf dem rechten Scheitelbein, mit fistulösem Durchbruch. Vom 10. Juli 3 mal mit Zimmtspiritus ausgespritzt, ohne sichtbaren Erfolg. Daher 7. August Spaltung, Ausschabung und Verband mit Zimmtalcohol. An einer Stelle der Knochen blossliegend. In 3 Wochen mit guter glatter Narbe geheilt.

209. Bl., Gertrud, 7 J. alt. S. No. 205, pag. 85. 19. Februar 1891 werden die Fisteln ausgekratzt und drainirt. Dieselben schliessen sich nicht; die Secretion wird geringer, unter Ausspritzung mit Perubalsam. Von Zimmtalcohol wird wegen der unmittelbaren Nähe der Conjunctiva abgesehen. — Gleichzeitig ca. 12 glutäale Zimmtsäureinjectionen. Das Kind erholt sich zusehends. — Am 16. Mai stellt sich, nachdem das Kind einige Tage verstimmt gewesen war, Fieber, Kopfschmerz, apathisches Wesen ein; zugleich werden die Granulationen der Fisteln missfarbig und zerfallen. Am 19. Mai Operation. Erweiterung der Fisteln. Hierbei zeigt sich ein markstückgrosses Stück des Schläfenbeins entblösst, aber nicht beweglich; ebenso eine Stelle am Jochbein. Von Resection der Stellen wird wegen des schlechten Befindens abgesehen. — Langsame Besserung des Allgemeinbefindens. Im October 1891 wird ein, dem vorderen Rand des Jochbeins angehörender, 2 cm langer Sequester entfernt; die Fistel nach dem Auge hin geschlossen; die beiden andern Fisteln ziehen sich ein und sondern sehr wenig ab. Ausspritzung mit Zimmtalcohol. Sehr gutes Allgemeinbefinden.

Tuberculose der Symphysis sacro-iliaca: 1 Fall; gebessert, noch in Behandlung.

210. M., 28jährige Kaufmannsfrau. Seit früher Kindheit Eiterung der Halsdrüsen — mehrmals Incisionen, 1 mal Exstirpation in Narcose; ohne Heilung zu erzielen. Stellt sich im Mai 1891 mit einer in der Tiefe fluctuirenden Anschwellung der linken Hüftgegend vor; da Patientin sich im 6. bis 7. Schwangerschaftsmonat befindet, lehnt sie die Operation ab. Aufnahme 15. September 1891. Sehr heruntergekommen, eiternde Halsdrüsen. Abendtemperaturen 39,5°. — Linke Seite von der Gegend der 12. Rippe bis fast zur Mitte des Oberschenkels, vorn bis zum Sartorius, hinten bis über die Medianlinie hinaus eine schwappende Geschwulst; Bein völlig unbeweglich, jede Berührung schmerzhaft. Zunächst Annahme einer Coxitis suppurativa. Von 12. bis 22. September im Ganzen 10 Injectionen von je 2 ccm Zimmtsäureemulsion in den Abscess. Die Temperatur hält sich unter 39°, um 38,6—38,8°; guter Appetit; anscheinend besseres Allgemeinbefinden.

24. September 1891 Operation. Es entleeren sich über drei Liter Eiter. Das Hüftgelenk ist frei. Dagegen lässt sich durch's Foramen ischiadicum majus eine Fortsetzung des Prozesses ins kleine Becken hinter die Symphysis sacro-iliaca verfolgen. Diese erweist sich in ihren unteren Theilen cariös. Die unteren 2 Drittheile derselben werden resecirt, ebenso Theile von dem linken Kreuzbeinflügel. Jetzt zeigt sich eine reichlich apfelgrosse Höhle in der Kreuzbeinhöhlung, wo eine Anzahl Sequester lagern. Ausschabung. Auswischen mit Zimmtspiritus. Die ganze grosse Höhle wird ausgeschabt, mit Zimmtalcohol ausgewischt, und 6 dicke Drains eingelegt. Die Höhle im kleinen Becken wird mit Perubalsammull aus-

gestopft und ein nicht durchlöchertes Drainrohr bis an den tiefsten Punkt eingelegt. 10 Tage fieberfrei, dann ohne jede Veränderung an der Wunde rasches Ansteigen über 39 °. — Pleuropneumonie, mit Bildung eines Ergusses bis zur 4. Rippe vorn. — Mit dessen allmählicher Resorption sinkt auch die Temperatur im letzten Drittel des October zur Norm. Die Wunde secernirte anfangs colossal, bald Nachlass der Absonderung. Jetzt — Mitte November — sind 2 Draincanäle ganz geschlossen, die übrigen ziehen sich ein; nur aus der Wunde am Kreuzbein, welche sich schon grösstentheils geschlossen hat, noch mässige Secretion. Allgemeinbefinden sehr viel besser. — Die mit Perubalsampflaster bedeckten Drüsenfisteln am Halse sondern nichts mehr ab und sind eingezogen. Patientin geht 20. December ab mit einer secernirenden Fistel in der Gegend der Kreuzbeinfuge. Ziemlich gute Gehfähigkeit, gutes Allgemeinbefinden.

Hierzu kommen noch 3 Fälle von Drüsentuberculose (211—213). Kinder von 13, 9, 7 Jahren. Erst in jüngster Zeit fing ich an, auch Drüsentuberculose, nach der Auskratzung, mit Zimmtsäurealcohol zu behandeln (bisher mit Perubalsam). Die Wunden bleiben dabei sehr viel trockener und heilen noch schneller, als mit Perubalsam, in 2—3 Wochen.

Sehen wir von diesen 3 Fällen ab, so sind im Ganzen zur Behandlung gekommen 45 Fälle, wovon 4 noch — zum Theil seit Kurzem in Behandlung sind = 8,8 %; geheilt 31 = 68,6 %; gebessert 7 = 15,5 %; von diesen ist bei 2 (Fall 202 und 209) vermuthlich in nächster Zeit Heilung zu erwarten, während 3 andere (Fall 175, 181, 183) nur so kurze Zeit in Behandlung waren, dass eine völlige Behandlung nicht möglich war. Ungeheilt ist 1 Fall = 2,2 %. Gestorben sind 2 Fälle = 4,4 %; wobei jedoch bei einem Fall (Nr. 200) der Tod ohne jeden Zusammenhang mit dem der Heilung nahen örtlichen Leiden erfolgte. — Die Zahlen wären somit — ganz streng bezeichnet — ungefähr denen der Jodoforminjectionen nahe. Wollten wir diejenigen Fälle noch hinzurechnen, wo die Heilung nach dem bisherigen Verlauf mit ziemlicher Sicherheit zu erwarten steht, (Fälle 184, 198, 203, 209, 210), so erhalten wir 31 + 5 = 36 = 80 %.

Wie wenig auf Statistik aus kleinen Zahlen zu geben ist, habe ich schon pag. 39 ausgeführt. Wie wenig Statistiken überhaupt zu trauen ist, darüber sind die meisten Chirurgen (siehe Operationsstatistiken) einig. Die ehrlich dargestellten Erfahrungen eines einzelnen objectiv denkenden Chirurgen, die er verschiedenen Methoden erzielt, sind weit wichtiger.

Die Methode, welche bei chirurgischer Tuberculose befolgt wurde, ist im Wesentlichen aus den Krankengeschichten ersichtlich. Es sei nur noch Einiges angemerkt.

Das Bestreben ist, in alle tuberculös inficirten Stellen und in ihre Umgebung Zimmtsäure in genügender Menge einzubringen, um so eine Umwandlung derselben theils in Narbengewebe zu erzielen, theils die tuberculöse Entzündung zum Rückgang zu bringen.

Geschlossene Fungi wurden daher mit Zimmtsäureemulsion eingespritzt; an dieselbe Stelle wurde auf einmal selten mehr als 0,5 ccm injicirt, meist so tief, als möglich, bis an oder in den Knochen. Meist wurden die Injectionen 2 mal wöchentlich gemacht, selten häufiger d. h. jeden 2. Tag; oft konnte nur 1 mal wöchentlich, manchmal nur alle 14 Tage bis 3 Wochen eingespritzt werden, weil die poliklinischen Patienten sich nicht häufiger einstellen konnten.

Der Schmerz nach der Injection ist sehr gering; bei Einspritzung in fungöses Gewebe fehlt er ganz. Je mehr das Gewebe wieder der normalen Beschaffenheit sich nähert, um so eher kommen Empfindungen. Ein Priessnitz'scher oder Sublimatumschlag hat stets genügt, die Empfindungen zu beseitigen.

Daneben wurde in diesen, wie in allen andern Fällen ausgiebiger Gebrauch gemacht von allen Hilfsmitteln der conservativen Therapie. Am häufigsten wurden die für poliklinische Praxis sehr bequemen gespaltenen Gipskapseln in Anwendung gezogen.

Von Extension konnte leider nur selten Gebrauch gemacht werden. Ebenso wurden womöglich künstliche Soolbäder — meist gegen Schluss der Behandlung — angeordnet.

Besondere Schwierigkeiten machen die centralen Knochenfungi, welche nach dem Gelenk noch nicht, oder nicht breit durchgebrochen sind, z. B. Hydrops tuberculosus mit entzündlicher Hypertrophie eines Knochenstücks — wie des Condylus ext. oder int. femoris. (Siehe Fall 177 und 181.) Hier könnte nur durch intravenöse Injection Zimmtsäure in die centralen Herde gebracht werden, aber die intravenöse Injection ist bei Kindern in poliklinischer Praxis kaum durchzuführen und eine klinische Aufnahme der Fälle war durchaus unmöglich.

Bei fistulösen Prozessen wurde, wo die Nothwendigkeit einer sofortigen Operation nicht direct auf der Hand lag, zunächst mit Einspritzungen von Zimmtsäurealcohol (1 : 20), ev. mit parenchymatösen und parossalen Injectionen von Emulsion vorgegangen.

Schien dies nicht zu genügen, so wurden die Herde möglichst breit freigelegt, ausgekratzt und mit Perubalsamgaze tamponirt, oder mit Zimmtalcohol ausgeätzt. Um Verhaltungen hinter den Tampons zu vermeiden, erwies es sich als zweckmässig, ungelochte Drainröhren an die tiefsten Punkte der Wunden einzuführen und durch

diese auch Perubalsam oder Zimmtalcohol an die tiefsten Punkte
der Wunde einzuspritzen. Diese Tampons wurden gegen Ende der
1. oder 2. Woche nach der Operation entfernt und an ihre Stelle
neben den undurchlöcherten Drainröhren gefensterte eingeschoben.
Die letzteren dienen zur Ableitung des Secrets, die ersteren zum
Einspritzen von Perubalsam oder Zimmtalcohol in die Tiefen der
Wunden. Diese werden so von unten her mit Perubalsam gefüllt und
die Wunde wird in ihrer ganzen Tiefe, nicht bloss oberflächlich
mit dem Perubalsam in Berührung gebracht. Auf dieser steten Berührung der Wunde, überhaupt dieser sehr sorgfältigen Pflege der
Wunde beruht ein grosser Theil des Erfolgs und namentlich die
Sicherung gegen Fistulöswerden der Wunden. — An Stellen, wo
man Drainröhren völlig durchziehen kann — an Gelenken z. B.,
empfiehlt es sich, das Drainrohr in der Mitte zuzubinden und in der
Nähe je ein Loch anzubringen; die Flüssigkeit muss dann durch
die Wunde hindurch, um aus dem andern Theil des Drainrohrs abfliessen zu können.

Die Perubalsamtampons nehmen gegen den 5. bis 6. Tag einen
widerlichen, aber nicht septischen Geruch an, ohne dass die Wund-
ränder sich röthen. Mull mit Zimmtsäurealcohol getränkt bleibt
trockener und geruchlos.

Zimmtalcohol wirkt energischer, leicht ätzend und styptisch, aber
nicht so dauernd, wie Perubalsam. Es soll stets soviel Perubalsam
in die Wunden eingebracht werden, dass der Eiter beim nächsten
Verbandwechsel noch Tropfen von Perubalsam enthält.

Die Operationen wurden als atypische Resectionen ausgeführt.
Muskelansätze etc. möglicht geschont oder mit dem Periost abge-
hoben; ausgiebig drainirt, um jede Secretverhaltung zu verhüten.

Aus dem Mitgetheilten geht hervor, dass die tuberculösen
Wunden als inficirte behandelt wurden. Sie mussten so
angesehen werden, weil nur im kleinsten Theil der Fälle Alles Erkrankte entfernt werden konnte, ohne functionell wichtige Theile
zu opfern.

Was die Behandlung der chirurgischen Tuberculose betrifft, so bin ich der Ueberzeugung, dass man sein Ziel, die Heilung,
auf verschiedenem Wege erreichen kann. Und ich glaube, ein objectiver Chirurg wird sich hier nach den Verhältnissen richten.

Bei geschlossenen Fungis, wo die Zerstörung noch nicht zu weit
vorgeschritten ist, werden wohl die meisten Chirurgen zu localen
Injectionen greifen, und je nach ihren Erfahrungen Jodoformglycerin,
Zimmtsäure und dergl. einspritzen. — Daneben kommen die bis-

herigen Hilfsmittel der conservativen Therapie zur Verwendung —
Extension, Fixation mit Schienen oder erhärtenden Verbänden, Soolbäder, Sool- oder PRIESSNITZ'sche Umschläge und dergl.

Ist es bereits zur Verflüssigung gekommen, so wird eine grosse
Anzahl der Chirurgen es zunächst noch mit Jodoformglycerininjec-
tionen versuchen. — Ich muss gestehen, dass meine Erfahrungen
dabei nicht so glänzende sind, wie sie von anderen Chirurgen be-
richtet sind. Die Zahl der von mir mit Jodoform behandelten Fälle
ist allerdings eine kleine, und nur bei 2 Spondyliten war der Erfolg
wirklich befriedigend. Immerhin kann der Erfolg gerade bei diesen
Leiden, die dem Arzt sonst so wenig Freuden machen, namentlich
in der poliklinischen Praxis, nicht hoch genug geschätzt werden.

Ich spritze die meisten verflüssigten Fungi erst mehrmals mit
Zimmtsäure ein. Kommt es später zur Operation, so verlaufen die
Fälle dann oft gewöhnlich glatt. (Fall 197.)

Dass man manche fistulösen Fälle ohne jede Operation — z. B.
durch öfteres Ausspritzen mit Zimmtspiritus zur Ausheilung bringen
kann, beweisen die Fälle Nr. 206, 207.

Am meisten Differenz herrscht wohl bezüglich der Fälle, wo
man sich sofort klar ist, dass operirt werden muss — fistulöse Fälle
etc. — Hier sind nun die meisten Chirurgen der Ansicht, alles Kranke
aufs Gründlichste mit Pincette und Schere etc. zu entfernen und
dann die Wunde möglichst rasch p. p. i. zur Heilung zu bringen durch
die Naht oder unter dem feuchten Blutschorf. Ich gebe zu, dass
die Resultate unter der Sublimatantisepsis wesentlich bessere sind,
als zur Zeit der Carbolantisepsis. Denn damals schienen sie, mir
wenigstens, einfach kläglich. Nach so mancher Hüftresection musste
man die Frage, ob man dem Kranken durch die Operation wirklich
genützt habe, bei ehrlicher Abwägung unbedingt verneinen. Diese
traurigen Fälle — namentlich aus der Zeit der Frühresection — haben
in mir die Ueberzeugung gefestigt — nun schon vor über 10 Jahren,
dass das Messer in der Behandlung der Tuberculose nur eine Neben-
rolle spielen kann, dass es nur als Hilfs- nicht als Heilmittel zu
dienen vermag und diese trüben Erlebnisse haben mich getrieben,
andere Wege, andere Methoden zu suchen.

Ich gebe zu, dass es dann und wann gelingt, einen Fungus durch
radicale Exstirpation p. p. i. zur Heilung in 14 Tagen zu bringen;
aber auch das nur durch Operation weit im Gesunden, mithin unter Auf-
opfern von Theilen, welche vielleicht einer Erholung noch fähig waren.

Solchen günstigen Fällen stehen aber Dutzend andere gegenüber, wo nach 3, 4, 5 Wochen sich wieder langwierige Fisteln ent-

wickeln. Ein grosser Theil der Chirurgen trägt diesen Erfahrungen Rechnung, indem sie keine tuberculöse Wunde schliessen, sondern per II. intentionem heilen lassen (Jodoformgazetamponade).

Wir schwanken somit heutzutage, wie einst vor Entdeckung der Antisepsis in der Behandlung der Wunden überhaupt, in der Behandlung der chirurgischen Tuberculose zwischen 2 Extremen hin und her — dem Versuch, rasche Heilungen p. p. i. zu erzwingen und dem Bestreben, späteren Störungen durch Offenlassen der Wunden und langsame Heilung zu begegnen. Ich schliesse mich unbedingt der letzteren Richtung an.

Bei der totalen Entfernung alles Fungösen vernichtet man viel Gewebe, welches vielleicht der Heilung — durch örtliche Einwirkung, Injectionen etc. noch fähig war; irgendwelche Sicherheit, dass alles Krankhafte entfernt und ein Recidiv ausgeschlossen ist, erzielt man auch bei rigoroser Exstirpation in keiner Weise. Bei den Weichtheilen mögen die Verluste bei weitgehenden Exstirpationen noch zu verschmerzen sein, besonders da, wo man doch Ankylose anstreben muss. Von dem Knochengelenkapparat jedoch geht bei diesen gründlichen Exstirpationen viel unersetzliches Material zu Grunde, was für die spätere Function und Form von grösster Wichtigkeit ist. Ein grosser Theil der Chirurgen hat auch in dieser Richtung eingelenkt, indem sie an die Stelle der verstümmelnden typischen Resectionen die sog. atypischen d. h. Auskratzungen, Freilegungen u. s. w. gesetzt hat, selbst auf die Gefahr hin, diese Eingriffe mehrmals wiederholen zu müssen. Diese milde erhaltende Methode haben sogar Chirurgen adoptirt und empfohlen, die noch vor wenig Jahren jeden schweren Fall von Fungus principiell amputirten.

Nutritive Verkürzungen kommen auch bei der conservativen Behandlung vor, aber sie sind meist nicht so erheblich. (Ich erinnere mich eines Falls von 25 cm Verkürzung nach Hüftresection. Das Bein war ein störender Appendix, ohne jede Gebrauchsfähigkeit.)

Dass man mit der Amputation Zeit gewinnt, ist fraglos; aber bei der jahrelangen Dauer der fungösen Prozesse kommt es in der Regel auf ein paar Monate nicht an. Und bei der Resection gewinnt man meist nicht einmal Zeit, wenn man mit einrechnet, wie lange die Heilung der Fisteln dauert — wenn sie überhaupt heilen.

Ich habe noch nie einen Fungus amputirt. In Fall 191 hatte ich allerdings die Amputation verlangt, um das Leben zu erhalten und bedaure, dass mir die Erlaubniss versagt wurde. Sie hätte vielleicht das Leben gerettet.

Dem Bestreben gegenüber, Localtuberculose mit grossen verstümmelnden und schwächenden Operationen zu behandeln, denke ich meine Methode festzuhalten — auch in vereiterten Fällen Ausschabung des Necrotischen und Erweichten, ausgiebige Freilegung der kranken Stellen, örtliche Behandlung derselben und Injectionen in dieselben und die Umgebung, neben ev. allgemeiner Behandlung.

Diese Auffassungen laufen den in neuerer Zeit mehrfach geäusserten Ansichten parallel; in neuster Zeit hat namentlich SCHÜLLER in dieser Weise sich vernehmen lassen. Ich habe das von ihm empfohlene Guajacol in einigen Fällen, namentlich Drüsentuberculose, versucht, bin aber — wenigstens bei Kindern — bis jetzt an dem schlechten Geschmack des Mittels meist gescheitert und habe auch bei längerem Gebrauch wenig Erfolg gehabt.

Behandlung des Lupus mit Zimmtsäure.

Lupusfälle kamen 14 in Behandlung. Ein Theil derselben entstammt der Poliklinik meines Freundes Dr. EDMUND LESSER, Docent für Hautkrankheiten a. d. U. Ich bin ihm für die mir auf diesem Gebiete bewiesene Förderung zu grossem Danke verpflichtet.

Die für den Lupus angewandte Zimmtsäurelösung ist, wie schon oben angegeben, folgende:

> Rp. Acidi cinnamyl.
> Cocaïn. muriat. — āā 1,0
> Spir. vin. 18,0.
> M. D. S. Zur Injection.

Von dieser Lösung werden je 1—2 Tropfen in die Knötchen eingespritzt, bald höher, bald tiefer, je nach dem Sitz derselben. In einer Sitzung können ev. bis 10 Einspritzungen gemacht werden. Der Schmerz ist nur der des Einstichs, so dass sich selbst kleine Kinder ohne viele Mühe einspritzen lassen. Hin und wieder wird nach einigen Stunden, wenn die Cocaïnwirkung nachgelassen hat, ein mässiges Brennen empfunden. Noch weniger empfindlich ist die Injection, wenn man 5 Minuten vorher eine regelrechte Cocaïninjection macht.

Eingespritzt habe ich durchschnittlich wöchentlich ein Mal; bei ausgedehnten Lupis und in klinischer Behandlung wird man häufiger injiciren können. Meist injicirte ich vorwiegend die Ränder, weil man so den Lupus sich sichtbar verkleinern sieht, doch kann man auch zugleich das Centrum, sowie beliebige Stellen dran nehmen.

Zur Injection bediene ich mich gerne einer Canüle mit kurz geschliffener Spitze, weil man damit die Knötchen, besonders kleinere, sicherer trifft.

Die unmittelbare Wirkung ist zunächst ein kleiner gelber Fleck im Knötchen (ca. linsengross). Derselbe rührt von niedergeschlagener Zimmtsäure her; dann entwickelt sich Röthung und Schwellung, die nach 36 bis 48 Stunden wieder verschwindet. Darauf sinkt der Knoten ein, die Stelle blasst ab und nähert sich in ihrer Beschaffenheit im Laufe der nächsten Wochen der einer annähernd normalen Haut. Eigenthümlich ist die Beobachtung, dass gegen den Schluss der Behandlung nur noch ganz oberflächlich flache Knötchen zu sehen sind. Der Prozess heilt somit zuerst in der Tiefe aus.

Gangrän der injicirten Stellen soll nicht eintreten, dann kommt es zu Schmerz, zu langsamer Abstossung und zu sichtbarer Narbenbildung. Wird nur in kleinen Mengen injicirt, so dass es nur zu Schwellung und Röthung kommt, so ist die Narbenbildung minimal oder fehlt ganz. Zu retrahirenden Narben darf es nicht kommen. Wo es geht, lasse ich meist ein Perubalsampflaster tragen.

Das Verfahren ist für den Arzt recht mühsam, da man die einzelnen Knötchen aufsuchen muss. Auch dauert die Behandlung ziemlich lange, wobei Pausen von 4 Wochen nichts schaden. Im Gegentheil schreitet während dieser Zeit die Abschwellung und Abblassung oft sehr schön fort. Für den Patienten ist die Methode sehr angenehm, da sie ihn in seiner Thätigkeit nicht stört und eine Verstümmelung, wie bei Operationen, Galvanocaustik nicht eintritt.

214. F., Prof., 42 J. alt. Patient leidet seit 19 Jahren an einem Gesichtslupus, der bisher in der verschiedensten Weise behandelt wurde — Excision, Aetzen, Brennen etc., doch stets Wiederkehr. = No. 51. Status praes. vom 17. Januar 1891. — Die rechte Gesichtshälfte von Ohr bis Auge, Jochbein bis Unterkieferwinkel eingenommen theils von retrahirten Narben, theils von ca. 20 bis 50 pfennigstückgrossen Lupusstellen.

Vom 17. Januar bis 16. April wird neunmal mit Perubalsamemulsion injicirt, worauf — um Zeit zu gewinnen — die noch vorhandenen sechs Stellen ausgekratzt (ohne Narcose) und dann mit Perubalsamemulsion injicirt werden. — Die Heilung hält Bestand bis Januar 1890, wo 3 Knoten ausgekratzt und nachher der Grund injicirt wird. 30. December werden 2 kleine Knoten ausgekratzt und nachher mit Zimmtsäureemulsion ausgespritzt. 28. Mai 1891 bei der erneuten Vorstellung ist ein Recidiv nicht wieder eingetreten. Ueberall gute, glatte, nicht schuppende Narbe.

215. G., Selma, 18jähriges Dienstmädchen. Seit der frühesten Kindheit Lupus der Backe. 8. April 1891 Lupus hypertrophicus der linken Wange. 10 cm hoch, 8 cm breit, ausserdem noch ein 20 pfennigstückgrosser Fleck vor dem linken Ohr. Wucherungen mehrere mm hoch, keine Spur von Vernarbung.

Injectionen von Zimmtsäurealcohol mit Cocaïn, daneben Nachts Perubalsampflaster. Am 31. November 1891 nur noch einige oberflächliche

Knötchen, im Uebrigen eine grosse, nicht retrahirte Narbe. Die Injectionen können nur ca. aller 14 Tage gemacht werden. Januar 1892 noch etwa 20 flache, graue, linsengrosse, oberflächliche, nicht schuppende Stellen, dazwischen gesunde derbe, narbige, nicht geschrumpfte Haut. 216. E., Willy, 7jähriger Junge. Ca. 50 pfennigstückgrosser Lupus der rechten Wange, schuppend, nicht sehr tief gehend. Vom 18. August bis 15. September 1891 8 locale Injectionen. Geheilt entlassen. 217. H., Hulda, 14`J. alt. Seit mehreren Jahren Lupus der rechten Backe und des rechten Ohrs. Im Uebrigen hochgradig scrofulös, Drüsenschwellungen, scrofulöse Ophthalmien.

Lupus auf der Backe ca. 8 cm hoch, 7 cm breit, starke, ziemlich tiefgehende Infiltration mit über erbsengrossen Knoten. Ohrläppchen fast auf's Doppelte verdickt.

Erhält vom Juni 1890 bis Ende October 24 Injectionen mit Emulsion von Sumatrabenzoëemulsion; dieselben sind ziemlich schmerzhaft, doch tritt Abflachung und Verkleinerung der lupösen Flächen ein. Bis zum Januar 1891 wird ausgesetzt, da die Eltern eine Verschlimmerung der Ophthalmie auf die Injectionen beziehen. Nur im December konnten 5 Zimmtsäureinjectionen gemacht werden.

Seit Januar wieder Zimmtsäureinjectionen, zum Theil auch glutäal, wobei die Kranke allerdings mehrmals Pausen von 6 Wochen bis zu 2 Monaten und darüber macht.

Im November ist der Lupus ohne Retraction der Haut auf ca. 10—12 ganz flache, blassgraue Stellen beschränkt, die auf einer ungefähr thalergrossen Stelle auf der Backe sitzen; kein Infiltrat mehr vorhanden. An einer Stelle, wo zu viel injicirt war, eine erbsengrosse, napfförmig vertiefte Narbe. Ohrläppchen von normaler Grösse, nicht geschrumpft. Die Ophthalmie ist noch nicht völlig geschwunden, aber wesentlich besser.

Die lange Dauer der Behandlung ist nur auf das unregelmässige Erscheinen der Patientin zu schieben. Ueber Schmerzhaftigkeit der Zimmtsäureinjectionen hat Patientin nie geklagt.

218. M. R., Fleischer. Inoculationslupus auf dem Handrücken von Thalergrösse; Aehnlichkeit mit Leichentuberkel. — Durch Perubalsampflaster und Zimmtsäureinjectionen innerhalb 10 Wochen geheilt.

219. Sch., 29jährige Frau. (No. 47.) Einige oberflächliche Knötchen in der Umrandung eines thalergrossen, vor 2 Jahren durch Perubalsam (Pflaster und einige Injectionen) geheilten Lupus. — 8 Injectionen mit Zimmtsäure und Perubalsampflaster; z. Z. geheilt.

220. K., 44 J. alt. Seit mehreren Jahren Lupus, 50 pfennigstück-gross, an der Seitenfläche der 3. Zehe; ziemlich stark infiltrirt, schuppend. Perubalsampflaster, bis jetzt 3 Injectionen. Abgeflacht, auf die Hälfte der Grösse reducirt.

221. J., 13jähriges, sehr nervöses Mädchen. 10 cm langer und ebenso hoher Lupus an der Aussenseite des rechten Ellbogengelenks; seit einer Reihe von Jahren. Aus tuberculös belasteter Familie. Seit September 1890 Perubalsampflaster und einige Injectionen mit Sumatrabenzoë. Mutter lehnt dieselben wegen Schmerzhaftigkeit ab. Daher März 1891 Abkratzung in Narcose und Einreiben der Wundfläche mit Zimmtsäurealcohol. Später Zimmtsäurepflaster. Langsame Heilung mit glatter,

spiegelnder Narbe, die erst spät abblasst. Im Lauf des Sommers 1891 zeigen sich am Rande eine kleine Anzahl neuer Knötchen, die ohne Schmerz mit Zimmtsäurealcohol eingespritzt werden. Noch nicht als völlig geheilt anzusehen.

222. G., S., 21jähriges Dienstmädchen. Collosaler Lupus des Gesichts, zum Theil mit Wucherungen, zum Theil bereits narbigen Schrumpfungen. Durch eine 3monatliche Behandlung gebessert.

223. Pf., 40jährige Frau. Seit langen Jahren ein infiltrirter Lupus im Gesicht, besonders an Lippen und Nase, dann auch am Hals. Zum Theil grosse Knoten.

Behandlung vom Januar 1891 an, wöchentlich 1 mal Injectionen (mit Ausnahme von 5 Wochen). — Im Gesicht, namentlich an Nase und Lippen sehr gebessert, stellenweise ganz ausgeheilt. Am Halse gebessert, doch ist die Besserung nicht überall soweit vorgeschritten.

224. G., M., 27jähriger Kaufmann, hat seit ca. 15 Jahren einen flachen Lupus, der den ganzen Handrücken einnimmt und noch auf das erste Glied des 2. und 3. Fingers übergreift.

Patient trägt über ein halbes Jahr nur Perubalsampflaster, worauf der grösste Theil des — selbstverständlich oberflächlichen — Lupus in eine glatte, nicht schrumpfende Narbe übergeführt ist. Einige noch übrig gebliebene Knötchen an den Rändern schwinden auf 3malige Injectionen mit Zimmtalcohol. Bis jetzt — ca. $\frac{1}{2}$ Jahr — recidivfrei.

M., Marie, 7 J. alt. Seit 5 Jahren Lupus auf der rechten Backe. Exulcerirender Lupus ca. 5 cm breit, 7—8 cm hoch; nirgends mit Epithel bedeckt, eine granulirende Fläche, stellenweise bis 3 mm über die umgebende Haut vorragend, starke Secretion.

Perubalsampflaster und bis jetzt 3malige Injection in die Randpartien. Beginn derber Epithelbildung vom Rande her. Hat sich verkleinert auf 4—6,5 cm.

126. C., K., 3½jähriger Knabe. 50 pfennigstückgrosser Lupus auf der linken Backe. — Bis jetzt 3 Injectionen. Flacher geworden.

227. W., N., 30jährige Frau. Thalergrosser Lupus am Arm. Durch Injectionen und Pflaster in 6 Wochen geheilt.

IV.
Schlussfolgerungen.

Ich fasse die gewonnenen Anschauungen in folgenden Sätzen zusammen.

Wir besitzen in der Zimmtsäure ein die Tuberculose stark beeinflussendes Mittel.

Oertliche Einwirkung derselben vermag örtliche Localisationen der Tuberculose zum Rückgang zu bringen.

Die intravenöse Injection der Zimmtsäure ist — bei genügender Vorsicht — unschädlich.

Sie vermag einen beträchtlichen Theil der innern Tuberculosen zur Ausheilung zu bringen.

Die Zimmtsäure ist selbstverständlich kein Specificum gegen Tuberculose, wenn wir diesen Ausdruck, der bis
jetzt in der Medicin wenig Nutzen und viel Schaden gebracht hat,
überhaupt festhalten wollen.

Der intravenösen Injection feinster Anschwemmungen von Heilmitteln wünsche ich eine grössere Beachtung und Verbreitung. Wir
sind dadurch in den Stand gesetzt, Heilmittel, deren Wirkung wir
an äusseren Krankheiten kennen und schätzen gelernt, auch zur
Wirkung auf innere Herde zu bringen. Wir können so gewissermassen eine locale Behandlung innerer Processe erzielen, ohne andere
nicht erkrankte Körpertheile mit den betreffenden Heilmitteln zu
belästigen.

Mit Hilfe der intravenösen Injection können wir die Circulation
innerer erkrankter Stellen beeinflussen, heilbringende Entzündungen
an fernen Stellen hervorrufen. Stets müssen wir uns dabei bewusst
bleiben, dass wir hiermit auch Schaden stiften können, wenn wir
die nöthige Vorsicht ausser Acht lassen. Eine Warnung, die allerdings so ziemlich für alles das gilt, was der Arzt zur Bekämpfung der
Krankheiten unternimmt.

Schlusswort.

Zum Schlusse dieser Arbeit möchte ich folgenden Herrn für Ihre
ausdauernde Beihilfe meinen herzlichen Dank aussprechen: Zunächst
meinen früheren Famulis, resp. Assistenzärzten — Herrn Dr. med. Stern-
thal, jetzt in Braunschweig; Herrn Dr med. Nowack, jetzt in Dresden;
Herrn Dr. med. Franz Bruck, jetzt in Berlin; Herrn Dr. med. Heuer,
z. Z. in München. Schliesslich bin ich Herrn H. Blaser, Besitzer der
Apotheke zum rothen Kreuz in Leipzig zu besonderem Danke verpflichtet für die unverdrossene Hilfe und Berathung in der oft recht
schwierigen Darstellung der Präparate; ebenso den Herren Dr. med.
Huber und R. Weber in Leipzig für ihre Unterstützung in einer Zeit,
wo Muth dazu gehörte, eine von der augenblicklichen Zeitströmung
abweichende Behandlungsweise der Tuberculose werkthätig zu
fördern.

Das Manuscript wurde — abgesehen von kleinen Ergänzungen
während des Drucks — abgeschlossen am 15. November 1891.

Druck von J. B. Hirschfeld in Leipzig.

Druck von J. B. HIRSCHFELD in Leipzig.

www.ingramcontent.com/pod-product-compliance
Lightning Source LLC
Chambersburg PA
CBHW021943190326
41519CB00009B/1116